H. K. Garg

# Práticas laboratoriais em biologia celular e molecular

H. K. Garg

# Práticas laboratoriais em biologia celular e molecular

## Um Manual Abrangente de Citogenética

ScienciaScripts

**Imprint**

Any brand names and product names mentioned in this book are subject to trademark, brand or patent protection and are trademarks or registered trademarks of their respective holders. The use of brand names, product names, common names, trade names, product descriptions etc. even without a particular marking in this work is in no way to be construed to mean that such names may be regarded as unrestricted in respect of trademark and brand protection legislation and could thus be used by anyone.

Cover image: www.ingimage.com

This book is a translation from the original published under ISBN 978-620-6-84460-0.

Publisher:
Sciencia Scripts
is a trademark of
Dodo Books Indian Ocean Ltd. and OmniScriptum S.R.L publishing group

120 High Road, East Finchley, London, N2 9ED, United Kingdom
Str. Armeneasca 28/1, office 1, Chisinau MD-2012, Republic of Moldova, Europe
Printed at: see last page
ISBN: 978-620-6-90181-5

Práticas laboratoriais em
# Biologia celular e molecular

Dr. H.K. Garg
Índia

# Índice

# Estrutura da célula

As células são os blocos de construção fundamentais de todos os organismos vivos e desempenham um papel fundamental para garantir a sobrevivência e a reprodução do organismo. A estrutura de uma célula pode ser dividida em duas partes principais: a membrana celular e o interior da célula. A membrana celular, também conhecida como membrana plasmática, é uma fina camada de bicamada lipídica constituída por moléculas de fosfolípidos que envolvem a célula, protegendo-a e regulando o movimento de entrada e saída de moléculas. A membrana também contém várias proteínas, tais como enzimas, receptores e proteínas de transporte que desempenham funções específicas. O interior da célula, chamado citoplasma, é uma substância semelhante a um gel dentro da membrana celular e contém diferentes organelos que desempenham funções específicas. O citoplasma de uma célula contém vários organelos importantes, cada um com uma função específica.

1.  As mitocôndrias, também conhecidas como as "casas de força" da célula, geram energia através da decomposição dos nutrientes.
2.  O Retículo Endoplasmático e o Aparelho de Golgi estão envolvidos na síntese, processamento e transporte de proteínas e lípidos.
3.  Os ribossomas são responsáveis pela síntese de proteínas, traduzindo o código genético do ADN na sequência de aminoácidos que constituem uma proteína.
4.  Os lisossomas contêm enzimas que decompõem os resíduos, tais como bactérias e partes de células desgastadas.
5.  Os cloroplastos, presentes nas células vegetais, são responsáveis pela fotossíntese, o processo de conversão da energia luminosa em energia química.

6.  Os vacúolos são grandes sacos que armazenam água, enzimas e outras moléculas.

7.  O núcleo é o maior organelo e é considerado o "centro de controlo" da célula. Contém o ADN, que é o material genético da célula e controla vários processos, como o crescimento, a reprodução e o metabolismo.

8.  Todos estes organelos trabalham em conjunto para manter o bom funcionamento da célula e assegurar a sobrevivência e a reprodução do organismo.

## Objetivo

Preparar uma montagem temporária de uma casca de cebola para demonstrar a célula.

## Procedimento

1.  Comece por descascar a camada exterior de uma cebola.

2.  Cortar uma pequena secção de uma folha de escama interna com uma lâmina.

3.  Com uma pinça, separar uma casca fina e translúcida da superfície côncava da folha de escama.

4.  Colocar a casca numa lâmina de vidro ou num vidro de relógio com água.

5.  Para corar a casca, adicionar duas gotas de corante de safranina a outro vidro de relógio ou lâmina de vidro (aguardar cerca de 30 segundos).

6.  Obter uma lâmina transparente e, no centro da lâmina, colocar uma gota de glicerina.

7.  Transferir a casca para a lâmina com um pincel e uma agulha. A glicerina evitará que a casca seque.

8.  Colocar cuidadosamente uma lamela sobre a casca, certificando-se de que elimina quaisquer bolhas de ar.

9.  Utilizar papel de filtro para retirar o excesso de glicerina.

10.  Por fim, examinar a montagem preparada da casca utilizando um microscópio composto, com uma ampliação baixa e alta.

**Observação**

As células em observação são rectangulares e separadas por espaços intercelulares. Estas células possuem paredes celulares bem definidas e um vacúolo proeminente no centro. Para além disso, têm um núcleo que é facilmente distinguível devido à sua pigmentação escura.

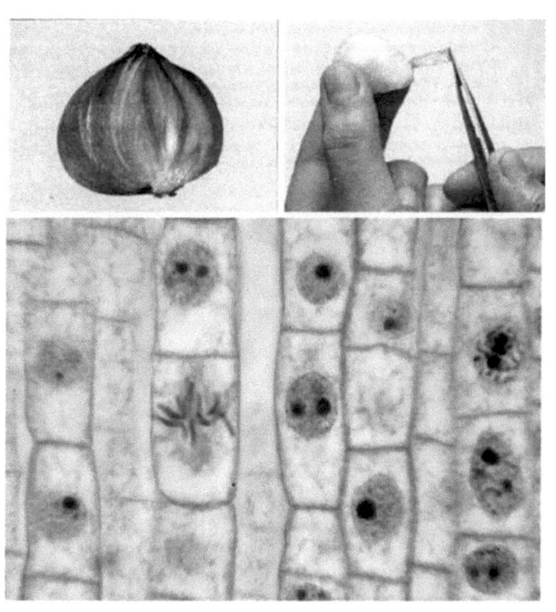

# Divisão celular

A divisão celular é um processo biológico vital que permite o crescimento, a maturação e a manutenção dos tecidos em todos os organismos vivos. É o processo de criação de novas células a partir de uma célula-mãe, resultando em duas ou mais células-filhas. Existem dois tipos de divisão celular, a mitose e a meiose, sendo que o foco desta sessão é a mitose. A mitose desempenha um papel importante na vida, pois cria novas células para o crescimento e substitui as células mortas.

# Mitose

A mitose é um processo de divisão celular que ocorre nas células eucarióticas. O processo de mitose é dividido em dois subprocessos: citocinese e cariocinese. A citocinese é a divisão do citoplasma, enquanto a cariocinese é a divisão do núcleo. A mitose resulta na formação de duas células filhas geneticamente idênticas a partir de uma única célula-mãe. Ela envolve várias etapas:

A interfase é a primeira fase em que a célula sofre um crescimento e replica o seu ADN em preparação para a divisão celular.

Na fase seguinte, a prófase, os cromossomas, constituídos por ADN firmemente enrolado, condensam-se e tornam-se visíveis. O invólucro nuclear quebra-se e os cromossomas alinham-se no centro da célula.

A metafase é a fase em que os cromossomas se alinham no centro da célula, também conhecida como placa metafásica.

A anáfase é caracterizada pela separação dos cromossomas replicados por estruturas especiais denominadas fibras do fuso. Cada conjunto de cromossomas é então puxado para pólos opostos da célula.

Durante a telófase, os cromossomas atingem os pólos opostos da célula. Forma-se um novo envelope nuclear à volta de cada conjunto de cromossomas e a célula prepara-se para a divisão.

Por último, na citocinese, a célula divide-se fisicamente em duas células-filhas idênticas.

A mitose é crucial para a vida, uma vez que cria novas células para o crescimento e substitui as células mortas. Pode ser observada nas pontas das raízes das plantas, onde os cromossomas das plantas monocotiledóneas são grandes e mais visíveis. O período de tempo necessário para a mitose pode variar consoante o tipo de célula e a espécie de organismo. Factores como a temperatura e o tempo podem afetar o processo.

**Objetivo**

Demonstrar o processo de mitose nas células da ponta da raiz da cebola.

**Materiais**

1. Microscópio composto
2. Ponta da raiz da cebola
3. Ácido acético glacial
4. Etanol
5. Acetocarmina
6. Lâmina de vidro
7. Folha de rosto
8. Lâmina
9. Agulha.

**Estoque**

1. Fixador de Carnoy
2. HCl 1N
3. Mancha de Feulgen

4.    45% HOAc

5.    Cebola fresca germinada, com cerca de 2-3 cm de comprimento de ponta de raiz.

**Equipamento**

1.    Eppendorfs

2.    Pipetas Pasteur

3.    60 °C Banho de água Lâminas para microscópio Lâminas de barbear Folhas de cobertura

**Princípio**

A mitose é um processo importante na divisão celular, que ajuda no crescimento e reparação dos tecidos nos organismos vivos. O processo começa com a divisão de uma única célula em duas células filhas idênticas. O meristema da ponta da raiz de uma cebola é um local privilegiado para observar a mitose, uma vez que é a área onde ocorre a divisão celular. A ponta da raiz é mais densa e arredondada em comparação com a extremidade cortada, facilitando a visualização das células.

Para observar a mitose, as pontas jovens da cebola são recolhidas e fixadas para preservar as células. As células são então tratadas com um ácido para quebrar as paredes de celulose e facilitar a visualização dos cromossomas ao microscópio. Os cromossomas, que transportam a informação genética, são visíveis após a coloração.

As células filhas produzidas na ponta da raiz podem permanecer como células meristemáticas ou diferenciar-se em células especializadas com base na sua localização.

**Procedimento**

O procedimento de preparação de uma lâmina de células da ponta da raiz da cebola para o estudo da mitose envolve várias etapas:

1.    Selecionar uma cebola e cortar as raízes secas.

2. Colocar os bolbos de cebola num copo cheio de água para fazer crescer as pontas das raízes durante 36 dias.
3. Cortar as raízes e transferi-las para um frasco de fixador de aceto-álcool durante um dia.
4. Pegar numa ponta de raiz e colocá-la numa lâmina de vidro transparente com N/10HCl e corante acetocarmina.
5. Reaqueça a lâmina, limpe o excesso de pigmento e corte a ponta mais manchada.
6. Colocar uma lamela na lâmina e bater ligeiramente para comprimir o tecido meristemático.
7. Observar as várias fases mitóticas na lâmina utilizando um microscópio composto.
8. É importante notar que as quatro fases da mitose são a Prófase, a Metáfase, a Anáfase e a Telófase.

**Método alternativo**

1. Comece por cortar os últimos 6 mm da ponta da raiz das cebolas em crescimento e coloque 5 deles num tubo Eppendorf rotulado.
2. Adicionar 1 ml de fixador de Carnoy ao tubo para garantir que todas as pontas ficam completamente imersas. Fechar o tubo e incubar durante 24 horas.
3. Após 24 horas, retirar as pontas das raízes do fixador de Carnoy e mergulhá-las num novo tubo cheio de 1 ml de HCl 1N. Incubar o tubo durante 12 minutos a 60° C. Retirar o HCl com uma pipeta de Pasteur e eliminá-lo com água fria corrente da torneira.
4. De seguida, adicione 0,5 ml de corante de Feulgen às pontas das raízes. Tenha em atenção que esta coloração é intensa, mas não tem cores vivas, por isso mantenha-a afastada de roupas, livros, etc.

5. Deixar as pontas das raízes a corar em Feulgen durante cerca de 10 minutos ou até a ponta da raiz apresentar uma coloração escura distinta.
6. De seguida, colocar uma gota de HOAc a 45% numa lâmina e colocar a ponta da raiz na mesma. Com um bisturi ou uma lâmina de barbear, remova toda a ponta da raiz, exceto a manchada de vermelho.
7. Colocar uma lamela em cima da ponta da raiz. Colocar a lâmina sobre um pedaço de papel branco na bancada e bater suavemente para baixo com a borracha de um lápis até que a ponta manchada se espalhe até formar uma monocamada púrpura ténue. Certificar-se de que a lâmina não é espalhada para os lados, pois isso irá cortar os cromossomas.

**Resultados**

A lâmina é então examinada ao microscópio a baixa potência para confirmar que as células estão espalhadas numa monocamada. Caso contrário, a lamela deve ser esmagada mais um pouco. Quando as células estiverem espalhadas numa boa monocamada, mudar o microscópio para imersão em óleo. Identifique as diferentes fases do ciclo celular visíveis nos esmagamentos da secção da raiz:

Observando as células ao microscópio, é possível testemunhar as diferentes fases da mitose. A anáfase, em particular, é caracterizada pela separação e movimento dos cromossomas para extremidades opostas da célula. Além disso, é possível calcular a proporção de tempo gasto pelas células da ponta da raiz na fase M, que envolve a separação dos cromossomas, e na citocinese, que é a divisão física da célula em duas células filhas. A seguir, uma explicação passo a passo dos eventos que ocorrem durante a mitose:

**Prófase**

1. O espessamento e o enrolamento dos cromossomas marcam o início da mitose.
2. O nucléolo e a membrana nuclear encolhem e desaparecem.
3. A formação de um fuso a partir de um conjunto de fibras marca o fim da prófase.

**Metáfase**

1. As cromátides de cada cromossoma tornam-se transparentes e mais espessas.
2. Cada cromossoma liga-se às fibras do fuso no seu centrómero.
3. Os cromossomas alinham-se ao longo da linha média da célula.

**Anáfase**

- Durante a anáfase, cada par de cromatídeos separa-se no centrómero e move-se em direção a extremidades opostas da célula através das fibras do fuso, fazendo com que a membrana celular comece a comprimir-se no meio.

**Telófase**

1. Os cromossomas filhos desenrolam-se e transformam-se em fibras de cromatina; o fuso dissolve-se; as membranas nucleares e o nucléolo reformam-se; e formam-se dois núcleos filhos em pólos opostos da célula.
2. As cromátides atingem pólos opostos da célula.
3. O fuso desaparece e os cromossomas filhos desenrolam-se para formar fibras de cromatina.
4. As membranas nucleares e o nucléolo reformam-se e surgem dois núcleos filhos em pólos opostos.

A célula pode também começar a dividir-se através da citocinese durante esta fase.

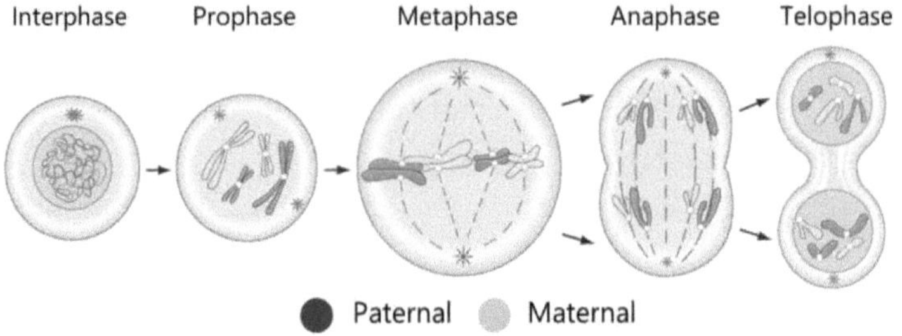



A interfase é a fase que se segue à mitose e é o período do ciclo celular em que a célula não se está a dividir. É a fase mais longa do ciclo celular e inclui três estágios distintos: G1, S e G2. Durante este período, a célula cresce e prepara-se para a próxima divisão celular.

# Determinação do índice mitótico

**Objetivo**

Para determinar o índice mitótico

O índice mitótico é uma medida utilizada em biologia para determinar a taxa de divisão celular numa amostra de tecido. É calculado contando o número de células em divisão (mitose) numa amostra e dividindo-o pelo número total de células na amostra. O resultado dá-nos uma ideia de quanto as células se estão a multiplicar e a crescer no tecido.

Esta informação é útil no estudo de processos celulares como a regulação do ciclo celular, o cancro e o envelhecimento. O ciclo celular é uma série de eventos que conduzem à divisão celular e à replicação do ADN, e um índice mitótico elevado pode indicar um aumento anormal da divisão celular e sugerir a presença de um tumor. No cancro, as células dividem-se e multiplicam-se a um ritmo anormalmente rápido e o índice mitótico pode ajudar a diagnosticar a doença.

O índice mitótico também é útil no estudo do processo de envelhecimento. À medida que as células envelhecem, a sua taxa de divisão diminui, levando a um índice mitótico mais baixo. Esta redução na divisão celular pode contribuir para o envelhecimento dos tecidos e o desenvolvimento de doenças relacionadas com a idade. Ao medir o índice mitótico, os investigadores podem estudar o processo de envelhecimento e as potenciais causas de doenças relacionadas com a idade.

**Procedimento**

Os passos seguintes descrevem o procedimento para determinar o índice mitótico:

1. Preparação da amostra de tecido: É retirado um pequeno pedaço de tecido do órgão em causa e fixado numa solução de formaldeído ou etanol.
2. Seccionamento da amostra de tecido: O tecido fixado é então embebido em parafina ou resina e são cortadas secções finas com um micrótomo.
3. Coloração das secções de tecido: As secções de tecido são coradas com um corante adequado, como a hematoxilina e a eosina (H&E) ou um corante específico para deteção de mitose, como a imunofluorescência.
4. Exame das secções de tecido: As secções coradas são observadas ao microscópio e o número de células em divisão (mitose) e o número total de células na amostra são contados.
5. Cálculo do índice mitótico: O índice mitótico é calculado dividindo o número de células mitóticas pelo número total de células da amostra e multiplicando o resultado por 100.
6. Interpretação dos resultados: O índice mitótico é um parâmetro importante para avaliar a divisão celular e a taxa de crescimento celular num tecido. Um índice mitótico elevado indica uma taxa elevada de divisão e crescimento celular, enquanto um índice mitótico baixo indica uma taxa lenta de divisão celular.

**Nota**

É importante assegurar que as células contadas na amostra de tecido são da mesma fase do ciclo celular, uma vez que o número de células mitóticas pode variar consoante a fase do ciclo celular.

# Efeito da colchicina na mitose

**Objetivo**

Estudar o efeito da colchicina e do para-di-cloro benzeno na mitose

A mitose é um processo crítico no ciclo de vida de uma célula, em que a célula se divide em duas células filhas idênticas. Este processo desempenha um papel importante no crescimento, reparação e manutenção de tecidos e órgãos. Ocorre em quatro fases - prófase, metáfase, anáfase e telófase.

A colchicina é um alcaloide natural que se encontra na planta açafrão do outono e é utilizada há séculos para tratar a gota. No entanto, é também muito utilizada na investigação científica como instrumento de estudo da divisão celular. A colchicina interfere com os microtúbulos, que são componentes críticos da mitose, e perturba a progressão normal da mitose. Como resultado, as células não podem sofrer uma divisão adequada e os cromossomas não se separam corretamente. Isto leva a que as células tenham múltiplos cromossomas, o que é conhecido como poliploidia.

O para-diclorobenzeno, também conhecido como 1, 4-diclorobenzeno, é um inseticida e desodorizante comummente utilizado. Foi demonstrado que causa alterações no índice mitótico das células e afecta a progressão normal da mitose. O mecanismo de ação do para-diclorobenzeno não é bem compreendido, mas acredita-se que interage com os cromossomas, perturbando a formação normal do fuso mitótico e conduzindo a erros de divisão celular.

**Procedimento**

1.  Preparar uma solução de colchicina ou para-di-cloro benzeno de concentração desejada num solvente adequado, como água

ou etanol.

2. Recolher tecidos vegetais vivos, tais como pontas de raízes, caules ou folhas.
3. Tratar os tecidos recolhidos com a solução preparada de colchicina ou para-di-cloro benzeno.
4. Depois de expor os tecidos vegetais à droga, incubá-los a uma temperatura e humidade adequadas durante o tempo desejado.
5. Preparar montagens temporárias dos tecidos tratados utilizando um meio adequado, como o lactofenol ou o glicerol.
6. Observar ao microscópio as células mitóticas nas montagens temporárias de squash e contar o número de células mitóticas em cada fase da mitose.
7. Comparar o índice mitótico dos tecidos tratados com o dos tecidos não tratados para determinar o efeito do medicamento na mitose.
8. Registar os resultados e tirar conclusões com base nas observações.
9. Repetir a experiência várias vezes para validar os resultados.

# Meiose

A meiose é um tipo de divisão celular que ocorre nas células que produzem espermatozóides ou óvulos, e tem como principal objetivo gerar quatro células filhas geneticamente diversas a partir de uma única célula-mãe. Este processo é crucial para a reprodução sexual, uma vez que permite a recombinação da informação genética e a criação de diversidade genética na descendência. O processo de meiose pode ser dividido em duas fases, Meiose I e Meiose II. Na Meiose I, a célula replica o seu ADN e os cromossomas alinham-se no centro da célula, à semelhança da mitose. No entanto, na Meiose I, os cromossomas emparelham-se e trocam material genético através de um processo chamado crossing over. Isto resulta na recombinação da informação genética. Após o crossing over, os cromossomas são puxados para pólos opostos da célula, à semelhança da mitose, mas a célula ainda não se divide. Na Meiose II, a célula divide-se em quatro células filhas geneticamente diferentes.

A meiose é crucial para a reprodução sexual, pois permite a recombinação da informação genética e a criação de diversidade genética na descendência. Nos gafanhotos, a meiose ocorre nos testículos ou nos ovários, consoante o sexo do inseto. Nos testículos, os espermatozóides são produzidos a partir de espermatogónias e contêm metade do número de cromossomas da célula-mãe. Nos ovários, os óvulos são produzidos a partir de oogónias e também contêm metade do número de cromossomas da célula-mãe. A meiose nos gafanhotos resulta na formação de espermatozóides ou óvulos geneticamente diferentes, cada um com metade do número de cromossomas da célula-mãe.

## Objetivo

Para conduzir a divisão celular meiótica nos folículos do testículo do gafanhoto.

## Materiais

1. Acetocarmina
2. Lâmina de vidro
3. Folha de rosto
4. Agulha de laboratório
5. Amostra (folículos do testículo de gafanhoto)

## Diversos

1. Eppendorfs
2. Pipetas Pasteur
3. Vidro de relógio
4. Lâminas de barbear
5. Caixa de dissecação

## Procedimento

1. Em primeiro lugar, determine o sexo do gafanhoto observando o comprimento e a forma da sua cauda. Os machos têm caudas mais compridas, enquanto as fêmeas têm caudas mais curtas e sem corte.
2. O gafanhoto é então posicionado de forma a que o lado dorsal fique virado para cima e é efectuado um corte no sétimo segmento da porção abdominal. Os grumos de líquido amarelo que contêm os órgãos genitais são libertados e lavados com soro fisiológico. A agulha de laboratório é utilizada para separar os corpos gordos e os folículos, que são depois transferidos para uma placa de Petri e separados individualmente.
3. Transfere-se um folículo para uma lâmina e adiciona-se uma gota de acetocarmina. A lâmina é incubada durante 5 minutos e examinada num microscópio ótico com uma ampliação de

10x e 40x. Podem observar-se as diferentes fases da divisão celular meiótica, incluindo a interfase, a prófase, a metáfase, a anáfase e a telófase.

## Observação

Na interfase, os cromossomas aparecem condensados. Na prófase, eles têm uma estrutura semelhante a um fio. Durante a metáfase, as fibras do fuso e os cromossomas distintos podem ser vistos no centro da célula. Na anáfase, as cromátides são esticadas em direção aos pólos opostos e na telófase, a célula sofre uma divisão igual.

## Método alternativo

Estoque

1. Coloração de aceto-orceína (2%)
2. Ácido acético (45%)
3. Cloreto de potássio (0,42%)
4. Ácido acético glacial
5. Álcool absoluto
6. Cera de parafina

## Procedimento

1. Em primeiro lugar, um gafanhoto macho é retirado do seu habitat natural e levado para o laboratório.
2. Em seguida, o gafanhoto é sedado através da administração de éter por via nasal durante 30 segundos.
3. Com uma lâmina cirúrgica, faz-se uma incisão longitudinal no lado dorsal do abdómen do gafanhoto para abrir a cavidade corporal e aceder aos órgãos internos.
4. O testículo, que é uma massa compacta de cor creme localizada nos três primeiros segmentos abdominais, é identificado e removido do corpo.

5. O tecido testicular é então colocado numa solução de cloreto de potássio a 0,42% ou de citrato tri-sódico a 0,9% durante 15 a 20 minutos.

6. O tecido é então transferido para uma solução fixadora (ácido acético-álcool absoluto, 1:3) e fixado durante 30 minutos. Depois disso, o tecido é armazenado em álcool a 70% a uma temperatura igual ou inferior a 10°C.

7. Uma pequena amostra do tecido testicular é então retirada e colocada num bloco de cavidade com coloração de aceto-orceína a 2%.

8. Este tecido é incubado durante 30 minutos a 58-60 °C, picado e conservado em ácido acético a 45%.

Por fim, é colocada uma lamela sobre a preparação e selada com cera de parafina para preservar a sua integridade para análise posterior.

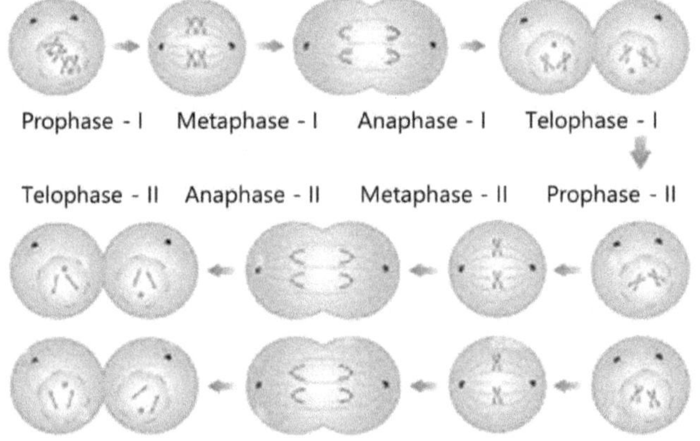

# Contagem de células e viabilidade

**Objetivo**

Determinar o número de células presentes numa determinada
amostra de 1 ml.

**Materiais**

1.  Amostra (Levedura / Bactéria)
2.  Suspensão de células a 106 células/mL
3.  Hemocitómetro
4.  Folha de cobertura
5.  Micropipeta
6.  Microscópio

**Procedimento**

1.  Limpar o hemocitómetro e a lamela com etanol para eliminar
    quaisquer impurezas.
2.  Colocar a lamela no hemocitómetro e misturar as células
suavemente.
3.  Retirar uma alíquota de 10 µL de células com uma micropipeta
    e colocá-la na câmara do hemocitómetro.
4.  Deixar as células fluírem para a câmara por capilaridade,
    enchendo-a completamente sem encher demasiado nem
    encher de menos. Repetir o mesmo processo com a segunda
    câmara.
5.  Retirar o excesso de líquido e transferir o hemocitómetro para
    a platina do microscópio.
6.  Conte as células nas quatro caixas de canto da grelha, cada uma
    com 16 quadrados, contando apenas as células que se
    encontram nas linhas superior e esquerda de cada quadrado
    para evitar a dupla contagem.

7.    Repetir o processo de contagem para a segunda câmara.

8.    Limpar o hemocitómetro e a lamela com etanol e toalhetes de limpeza e eliminar adequadamente qualquer material de risco biológico.

É importante ser lento e preciso na contagem das células para garantir a exatidão.

# Isolamento mitocondrial

## Objetivo

Para separar as mitocôndrias de uma determinada amostra.

## Material

1.   30 ml de tampão de lavagem, armazenar a 4 C°
2.   100 ml de tampão de isolamento, conservar a 4 C°
3.   Água duplamente destilada
4.   Cocktail de inibidores da protease
5.   Ensaio de proteínas BCA

## Equipamento

1.   Homogeneizador Dounce de 2,0 ml com pilões
2.   Tubos Eppendorf de 2,0 ml
3.   Bisturi
4.   Medidor de pH
5.   Balança de pesagem e outro equipamento normal de laboratório
6.   Centrifugadora de bancada de alta velocidade

## Princípio

O objetivo do isolamento das mitocôndrias das células é extrair o organelo através de meios físicos ou químicos. O passo inicial do processo envolve a utilização de centrifugação diferencial a baixa velocidade para eliminar qualquer matéria residual e estruturas celulares maiores. Em seguida, emprega-se uma centrifugação de maior velocidade para segregar e reunir as mitocôndrias. Esta preparação mitocondrial preliminar é frequentemente suficiente para a maioria dos casos de utilização.

**Procedimento**

O processo envolve várias etapas para garantir uma extração e conservação adequadas:

1. Pesar uma determinada quantidade de tecido e lavá-lo duas vezes com um tampão de lavagem.
2. Picar o tecido e colocá-lo num homogeneizador Dounce previamente arrefecido com um tampão de isolamento.
3. Utilizar diferentes pilões de diferentes tamanhos de folga para efetuar uma série de golpes de Dounce para romper as células.
4. Transferir o homogenato para um tubo Eppendorf e centrifugar a 1.000 g durante 10 minutos a 4oC. Guardar o sobrenadante e deitar fora o pellet.
5. Transferir o sobrenadante para dois novos tubos e centrifugar a 12.000 g durante 15 minutos a 4oC. Recolher o sedimento.
6. Lavar o sedimento, ressuspendendo-o num tampão de isolamento
   suplementado com um cocktail de inibidores de proteases, repetindo este passo várias vezes.
7. Combinar os pellets, ressuspender em tampão de isolamento e congelar a - 80° C para utilização futura.

# Corpo de Barr | Cromossomas X inactivados

Objetivo: Determinar a existência do corpo de Barr na amostra de células da bochecha de uma mulher.

O corpúsculo de Barr é uma estrutura compacta, de coloração escura, que se encontra no núcleo das células femininas. É o resultado da inativação do cromossoma X, em que um dos dois cromossomas X nas mulheres é desligado para equilibrar a expressão dos genes associados ao cromossoma X entre os sexos. A presença de um corpúsculo de Barr numa célula é um marcador do sexo feminino. Em alguns casos, podem estar presentes vários corpos de Barr. O esfregaço bucal é um método não invasivo e fácil de recolher para estudar a inativação do X. A análise do corpo de Barr em amostras de esfregaço bucal pode fornecer informações sobre o estado de inativação do cromossoma X e detetar doenças genéticas. A inativação do X é um mecanismo crucial para equilibrar a expressão dos genes associados ao cromossoma X nas mulheres.

**Material**

1. Lâminas pré-limpas
2. Azul de metileno
3. Microscópio
4. Células epiteliais (amostra)

**Princípio**

A presente experiência tem como objetivo identificar e estudar os corpos de Barr em células epiteliais escamosas de esfregaço oral humano. É necessário ter cuidado em duas áreas cruciais para garantir resultados exactos. Em primeiro lugar, as lâminas utilizadas para a coloração devem estar limpas para evitar a perda de células.

Isto pode ser conseguido limpando-as com um detergente, enxaguando-as com água destilada, enxaguando-as com álcool etílico a 70% e secando-as com uma chama. Em segundo lugar, para evitar confusão com bactérias orais que se assemelham a corpos de Barr, os alunos que recolhem células para a experiência devem lavar a boca três vezes com água da torneira.

**Procedimento**

A experiência é realizada nas seguintes etapas:

1. Raspar o revestimento interno da bochecha com um palito limpo e colocar o material numa lâmina limpa. Deixar secar ao ar durante 30 segundos.
2. Imergir a lâmina numa sequência de soluções alcoólicas (álcool etílico a 95% durante 2 minutos, álcool etílico a 70% durante 2 minutos, álcool etílico a 50% durante 2 minutos e água destilada durante 2 minutos).
3. Mergulhar a lâmina numa solução ácida (pH 5 ou 6) durante 10 segundos para hidrolisar o ARN no núcleo e destruir as estruturas ricas em ARN. O ADN fica com uma coloração azul-preta e o ARN com uma coloração violeta.
4. Lavar a lâmina com água destilada e, em seguida, corar com tionina aquosa a 1% durante 10-15 minutos. Desidratar utilizando uma sequência de soluções alcoólicas (álcool etílico a 50% durante 30 segundos, álcool etílico a 70% durante 30 segundos, álcool etílico absoluto a 95% durante 30 segundos e xileno durante 1 minuto).
5. Montar a lâmina com bálsamo, adicionar uma lamela e fazer um pequeno ângulo para evitar bolhas de ar.

**Observações**

Em grande ampliação, o núcleo aparecerá azul fraco, o citoplasma será quase incolor, e os corpos de Barr serão azul-escuro-preto ao lado da membrana nuclear.

| No. | Phenotype | Total No. of Chromosomes | Sex Chromosome Complement | No. of Barr bodies per nucleus |
|---|---|---|---|---|
| 1. | Normal female | 46 | XX | 1 |
| 2. | Normal male | 46 | XY | 0 |
| 3. | Sterile Male with Klinefelter Syndrome | 47 | XXY | 1 |
| 4. | Sterile Female with Turner Syndrome | 45 | XO | 0 |
| 5. | Male with XYY Syndrome | 47 | XYY | 0 |
| 6. | Female with XXX Syndrome | 47 | XXX | 2 |
| 7. | Male with XXX-Y Syndrome | 48 | XXXY | 2 |
| 8. | Female with Tetra-X Syndrome | 48 | XXXX | 3 |
| 9. | Male wHh Tetra-X-Y Syndrome | 49 | XXXXY | 3 |
| 10. | Female with Penta-X Syndrome | 49 | XXXXX | 4 |
| 11. | Down's Syndrome (Triplo-21) | 47 | XX or XY<br>if Female<br>if Male | <br>1<br>0 |

## Nota

É crucial analisar um número estatisticamente significativo de células e calcular a incidência de cromatina sexual para determinar com exatidão o sexo nuclear. A prevalência de cromatina sexual em células masculinas varia entre 2% em esfregaços bucais e 20% em preparações hepáticas, enquanto 50-65% dos esfregaços bucais femininos apresentam cromatina sexual (Reynolds e Mertens, 1964).

## Método alternativo

1. Para recolher uma amostra de células epiteliais do interior da bochecha, limpar a área com água esterilizada.

2. Utilizar uma lâmina esterilizada para raspar suavemente o interior da bochecha para obter a amostra.

3. Colocar a amostra numa lâmina de vidro esterilizada e deixar

secar durante alguns minutos.

4. Aplicar à amostra um método adequado de coloração da cromatina, como a coloração de Giemsa, Wright-Giemsa ou Leishman.

5. Incubar a lâmina durante 5-10 minutos para permitir que a coloração adira às células.

6. Lavar a lâmina com água e secar com papel absorvente para remover o excesso de corante.

**Observações**

Para visualizar as células utilizando um microscópio de contraste de fase, colocar uma gota de água no centro de uma lâmina sem manchas e passar a extremidade de uma lamela na gota de água, aplicando uma ligeira pressão. Observar as células ao microscópio, procurando um corpo claro e escuro caraterístico das células epiteliais escamosas. Se apenas estiver disponível um microscópio de campo claro, utilizar uma pequena gota de acetoorceína ou de acetocarmina em vez de água para tornar as células mais visíveis.

**Nota**

O corpo Barr está presente apenas nas células femininas e pode ser utilizado para determinar o sexo de um ser humano.

O corpo de Barr é uma estrutura de heterocromatina de coloração escura que se encontra na periferia do núcleo ou no interior do núcleo.

# Secção da folha de dicotiledóneas

**Objetivo**

Identificar as diferentes células presentes na secção transversal de uma folha.

**Materiais**

1. Lâmina de amostragem de folhas ou bisturi
2. Lâminas de vidro
3. Agulha
4. Folhas de rosto
5. Microscópio

**Procedimento**

1. Colocar a amostra numa lâmina limpa e adicionar água ou corante, se necessário.
2. Colocar a lamela em cima do espécime num ângulo de 45 graus, evitando bolhas de ar.
3. Limpar o excesso de líquido com papel absorvente antes de colocar a lâmina na platina do microscópio.
4. Observe os diferentes tipos de células, como a epiderme, as células do parênquima paliçádico, os feixes vasculares, o xilema e o floema, ao microscópio, com uma objetiva de 40x.

# Crescimento e diferenciação
## (Cultura da gota suspensa)

### Objetivo

Observar o crescimento e a diferenciação de células individuais (grãos de pólen) utilizando o método de cultura de gotas suspensas.

### Materiais

1. Lâminas de cavidades
2. Óculos de cobertura
3. Placas de Petri
4. Vaselina
5. Meio de cultura (meio Breubaker e Kwak, 1963).

Meio Breubaker e Kwak: Sacarose - 100gm/l, H3BO3 - 100gm/l, CaNO3 - 300mg/l, MgSO4 - 200mg/l e pH -7,3.

### Factores necessários para a germinação do pólen

Para que a germinação do pólen seja bem sucedida, devem estar presentes vários factores-chave.

1. A humidade relativa deve estar no nível adequado.
2. A sacarose é um componente essencial, uma vez que serve como fonte de hidratos de carbono, ajuda a regular o processo respiratório e mantém o potencial osmótico.
3. O boro, sob a forma de ácido bórico, é também necessário para a germinação, pois ajuda a manter a rigidez e a retidão dos tubos polínicos.
4. O cálcio, sob a forma de nitrato de cálcio, é necessário para a translocação correcta das substâncias necessárias à germinação, uma vez que a parede do pólen é constituída por material pecto-celulósico.

5. A temperatura deve situar-se entre 18-30 ° C para obter resultados óptimos.

**Procedimento**

1. Recolher o pólen maduro e em queda das flores de Hibiscus, Impatiens ou Vinca rosea.
2. Tocar as anteras que contêm pólen maduro na superfície do meio nutriente numa lamela.
3. Colocar o vidro de cobertura numa lâmina de cavidade, que suspenderá a gota de cultura.
4. Aplicar uma fina camada de vaselina à volta do bordo da lâmina da cavidade para evitar a evaporação.
5. Colocar as lâminas em placas de Petri com papel de filtro humedecido.
6. Observe as lâminas ao microscópio e registe o comprimento do tubo polínico em diferentes momentos.
7. Calcular a percentagem de pólen germinado dividindo o número de pólen germinado por campo pelo número total de pólen por campo e multiplicando por 100.

**Nota**

É importante notar que os factores adequados devem estar presentes para uma germinação bem sucedida do pólen, incluindo a humidade relativa, a sacarose como fonte de hidratos de carbono, o boro sob a forma de ácido bórico, o cálcio sob a forma de nitrato de cálcio e uma temperatura entre 18-30°C.

# Estimativa da clorofila

## Objetivo

Determinar a quantidade de clorofila no tecido foliar.

## Princípio

Para extrair a clorofila, é utilizada acetona a 80% como solvente. Os níveis de absorção da clorofila são medidos em três comprimentos de onda específicos - 663nm, 645nm e 652nm - utilizando um espetrofotómetro. As leituras do espetrofotómetro são então utilizadas para determinar a quantidade de clorofila presente.

## Materiais

1. Acetona
2. Tecido foliar (Espinafres)
3. Almofariz e pilão
4. Tubos de centrifugação

## Procedimento

1. Recolher uma amostra representativa de tecido foliar e triturá-lo até obter uma polpa fina, utilizando um almofariz e um pilão.
2. Adicionar 20 ml de acetona a 80% à polpa e centrifugar a mistura a 5000 rpm durante 5 minutos. Transferir o sobrenadante para um balão volumétrico de 100 ml.
3. Repetir o processo de trituração e centrifugação até que o resíduo seja incolor.
4. Lavar bem o almofariz e o pilão com acetona a 80% e recolher as águas claras no balão volumétrico. Perfazer o volume até 100 ml com acetona a 80%.
5. Ler a absorção a 663nm, 645nm e 652nm em relação a um branco de solução de acetona a 80%.

Para calcular a quantidade de clorofila presente, utilize as seguintes equações:

| | |
|---|---|
| mg chlorophyll 'a' per gram tissue | = 12.7(A663)-2.69(A645) x V/1000xW |
| mg chlorophyll 'b' per gram tissue | = 22.9(A645)-4.68(A663) x V/1000xW |
| mg chlorophyll 'a' (total) per gram tissue | = 20.2(A645)-8.02(A663) x V/1000xW |

Em que "V" é o volume final do extrato de clorofila em acetona a 80% e "W" é o peso fresco do tecido recolhido.

# Montagem permanente

## Objetivo

Preparar lâminas permanentes utilizando as secções de Caule, Raiz e Folha.

## Materiais

1. Lâminas de vidro pré-limpas
2. Tiras de vidro Escova de laboratório Agulha de dissecação
3. Microscópio Composto
4. Álcool etílico
5. Verniz para unhas (agente de cimentação)

## Princípio

O processo de preparação de lâminas permanentes envolve a desidratação de uma amostra utilizando álcool etílico. Este método é selecionado pela sua simplicidade e ajuda a preservar as células, substituindo a água nelas contida por álcool. É importante notar que as amostras que já estão secas, como papel ou tecido, não necessitam de desidratação. O processo gradual de substituição da água por álcool ajuda a endurecer a parede celular e a criar uma barreira impenetrável. A utilização de álcool puro deve ser evitada para não danificar as células.

## Procedimento

1. Seleccione uma secção fresca da planta, como um caule, uma raiz ou uma folha.
2. Cortar uma secção fina da parte da planta escolhida com uma lâmina ou bisturi limpos, sem danificar o tecido.
3. Num vidro de relógio previamente limpo, misturar 3 gotas de água destilada e 1 gota de álcool etílico. Transferir a secção de planta para o vidro de relógio e incubar durante 15 minutos.

4.  Retirar a secção da planta do primeiro vidro de relógio e transferi-la para um novo vidro de relógio com 2 gotas de álcool etílico e 2 gotas de água destilada. Deixar repousar durante 15 minutos.

5.  Repetir o processo transferindo a secção da planta para outro vidro de relógio novo contendo 3 gotas de álcool etílico e 1 gota de água destilada. Deixar repousar durante 15 minutos.

6.  Repetir o processo transferindo a secção da planta para outro vidro de relógio contendo 4 gotas de álcool etílico. Incubar durante 15 minutos.

7.  Colocar a secção de planta desidratada no centro de uma lâmina de vidro previamente limpa, adicionar uma gota de safranina e cobrir com uma lamela.

8.  Utilizar um papel absorvente para remover qualquer excesso de água que possa ter ficado retido entre a lamela e a lâmina.

9.  Observar o material vegetal ao microscópio, ajustando a focagem para obter uma visão clara.

# Cromossoma politénico

Em *Drosophila melanogaster*

Os cromossomas politénicos encontrados nas glândulas salivares da *Drosophila melanogaster,* também conhecida como mosca da fruta, são um tipo de cromossoma formado por endomitose. Este processo resulta na presença de múltiplas cópias do mesmo cromossoma numa única célula, criando cromossomas que são muito maiores e complexos do que os cromossomas típicos.

Estes cromossomas politénicos são ideais para a investigação genética porque têm um elevado número de bandas, ou regiões de material genético, que podem ser facilmente visualizadas ao microscópio. A formação destas bandas deve-se à presença de múltiplas cópias do mesmo material genético, criando regiões escuras e claras que podem ser usadas para identificar genes ou regiões genéticas específicas.

Uma das características que definem os cromossomas politénicos é a presença de cromómeros, que são regiões visíveis do cromossoma que aparecem como bandas distintas ao microscópio. Os cromómeros são formados pelo agrupamento de genes em regiões específicas do cromossoma e podem ser utilizados para identificar regiões genéticas específicas e rastrear a herança dos genes.

Outra caraterística importante dos cromossomas politénicos é a presença de puffs, que são regiões do cromossoma que se tornam altamente activas durante certas fases do desenvolvimento. Os puffs são formados pela ativação simultânea de muitos genes numa região específica do cromossoma e podem ser utilizados para estudar a regulação da expressão genética.

Em geral, os cromossomas politénicos são uma ferramenta valiosa para a investigação genética devido ao seu grande tamanho e complexidade, tornando-os facilmente visíveis e permitindo o estudo de padrões e processos genéticos.

**Procedimento**

Para visualizar os cromossomas politénicos, devem ser seguidos os passos seguintes:

1. Colocar uma lâmina limpa na área de trabalho e adicionar uma gota de solução salina de Poel. Colocar a glândula salivar da larva de terceiro instar na lâmina.
2. Fixar a substância com aceto-metanol 1:3 durante 30 segundos.
3. Retirar o fixador e adicionar uma gota de corante de aceto-orceína, mantendo-o no local durante 10 a 15 minutos.
4. Limpar as glândulas com ácido acético a 50% e aplicar uma pequena gota do ácido nas glândulas. Colocar uma lamela sobre a lâmina e cobri-la com uma folha de papel de filtro.
5. Aplicar pressão sobre a lamela para absorver qualquer líquido extra. Selar a preparação com DPX antes de a observar com um microscópio ótico.

**Observação**

Ao observar os cromossomas, são visíveis seis braços, sendo cinco deles longos (2R, 2L, 3R, 3L e X) e um em forma de botão. O cromossoma Y não é visível porque está a ser replicado. Cada par de cromossomas forma uma unidade com uma única banda e tem um cromocentro partilhado. O cromossoma X telocêntrico aparece como uma peça única, enquanto a segunda e terceira unidades metacêntricas aparecem como metades esquerda e direita, respetivamente. Os cromossomas são constituídos por bandas escuras alternadas com bandas claras, denominadas interbandas.

A politenia destes cromossomas é o resultado da endomitose, que multiplica os cromossomas metafásicos quase oito vezes. As bandas nos cromossomas das glândulas salivares de Drosophila estão fortemente coradas com orceína e localizam-se em torno do local de síntese ativa de ADN, tal como indicado por investigações autoradiográficas. Os puffs, que se pensa serem o local da síntese de ARN, não aceitam o corante e podem ser marcados com H3-uridina.

# Método cultural

O método de cultura da Drosophila, ou mosca da fruta, requer várias etapas para garantir o crescimento e a manutenção da cultura com sucesso. Os passos são os seguintes:

1. Obter stocks de Drosophila através de compra ou recolha no meio natural.
2. Preparar um meio de cultura, normalmente ágar de farinha de milho, misturando ingredientes como farinha de milho, açúcar, ágar e levedura em água, esterilizando depois a mistura em ebulição durante pelo menos 15 minutos.
3. Inocular o meio esterilizado, adicionando uma pequena quantidade de comida para moscas e moscas ou ovos.
4. Incubar a cultura num ambiente regulado a 25 °C com um ciclo de 12 horas de luz e escuridão.
5. Manter a cultura, adicionando alimentos e levedura e transferindo as moscas para novos pratos, conforme necessário.
6. Colher as moscas adultas para utilização em experiências ou reprodução.

É importante manter um ambiente limpo e higiénico para evitar a contaminação e garantir a saúde das moscas. A Drosophila é comummente encontrada em casas, particularmente nos meses de verão e inverno.

**Estoque**

1. Batata 100 gm
2. Ágar 1 gm
3. Ácido propiónico 0,8 gm
4. Levedura 0,5 gm
5. Dextrose 1 gm

6.    Água 100 ml

Os tubos de ensaio e os frascos de boca larga devem ser esterilizados a 160°C.

**Método alternativo**

Passo 1: Preparar a mistura de batata

1.    Cozer as batatas, descascar e esmagar até obter uma consistência homogénea

2.    Misturar o puré de batata com água, ágar-ágar e dextrose

3.    Bata a mistura até ficar bem combinada

Passo 2: Limpar o copo

1.    Embrulhar papel branco fresco à volta da boca do copo

2.    Prenda o papel com um elástico ou um fio de plástico

Passo 3: Esterilizar a mistura

1.    Utilizar uma panela de pressão para esterilizar a mistura a 15 lb de pressão durante 1015 minutos

2.    Depois de baixar a temperatura para 60° C, adicionar ácido propiónico

Passo 4: Incubar a mistura

1.    Quando a mistura tiver arrefecido até 40° C, adicionar as células de levedura e a água. Tapar os frascos e deixá-los repousar à temperatura ambiente. Transferir o conteúdo para frascos limpos.

**Nota**

1.  Manter os frascos de cultura a uma temperatura de 23-25 C<°

2.  Esterilizar os frascos a quente, se necessário, para evitar a contaminação por ácaros.

**Observações**

Segue-se a cronologia do desenvolvimento a partir do dia da libertação do ovo:

**Procedimento de acasalamento de Drosophila**

| Days | Stage | Diagnosis |
| --- | --- | --- |
| <1 | Eggs | Small eggs render the surface of the medium coarse |
| 1 | Embryo | |
| 2 | Hatching | |
| 2-3 | Larva | White, segmented, worm shaped creatures, with dark mouth |
| 8-9 | Adult | Earlier seems fragile and light,, but attains maturity within 5-6 hours |

Etapa 1: Seleção de virgens

1.  Esvaziar o frasco de moscas adultas para isolar as virgens da faixa etária de 6-7 horas.
2.  Separar os machos das fêmeas após 7-8 horas.

Passo 2: Escolher as personagens

- Escolha uma personagem feminina selvagem e uma personagem masculina mutante, ou inverta a ordem.

Etapa 3: Combinação de machos e fêmeas

1.  Colocar 4-6 machos e 8-12 fêmeas num frasco, numa proporção de 1:2.

2.  Rotular o frasco com a data do acasalamento e agrupar a descendência em conformidade.

Passo 4: Observar o padrão de herança

1.  Realização de múltiplos cruzamentos de ensaio e reprodução de progénies cruzadas.
2.  Determinar o padrão de herança do monohíbrido observando o padrão de herança.

# Cromossoma politénico

## Em larvas de moscas *Chironomous*

Os cromossomas politénicos são um tipo único de cromossoma que se encontra em certos organismos, incluindo as larvas da mosca Chironomous. São grandes e têm várias bandas de material genético, que são criadas pela replicação repetida de certas regiões dos cromossomas. Isto resulta em cópias extra de certos genes, que podem ser estudados por cientistas que utilizam corantes para corar os cromossomas. Os cromossomas politénicos são uma ferramenta valiosa para a investigação genética, fornecendo informações sobre a regulação e variação dos genes. O processo de politenização ocorre durante a fase larvar da mosca Chironomous quando as células de certos tecidos, como as glândulas salivares, replicam o seu ADN várias vezes sem sofrerem divisão celular. Isto leva à formação de células grandes e multinucleadas com múltiplas cópias de cada cromossoma. O processo é designado por endomitose dos cromossomas metafásicos e multiplica os cromossomas quase 8 vezes para produzir um cromossoma grande.

### Material

1. HCl 1N
2. Aceto-orceína
3. Aceto-álcool, 1:3

### Procedimento

Para observar os cromossomas da glândula salivar de uma larva de quiróptero, siga os passos seguintes:

1. Segurar a região anterior da larva com uma agulha e esticar o corpo com outra agulha.

2.   Procurar a glândula salivar, que deve aparecer como dois sacos leitosos transparentes.
3.   Localizar as células grandes das glândulas salivares, que se encontram no bordo exterior da glândula.
4.   Fixar as glândulas em álcool acético durante cinco minutos e tratá-las com HCl 1N a 57°C durante 112 minutos.
5.   Aplicar a coloração de aceto-orceína a 57°C durante 5 minutos.

**Observação**

Durante a observação, pode ver-se:

1.   Bandas fortemente coradas com orceína
2.   Interbands que apresentam uma coloração mínima ou nula
3.   Puffs que se pensa serem o local de síntese de ARN, mas que não levam a coloração.

# Complemento cromossómico

## De *Musca domestica*

A *Musca domestica,* vulgarmente conhecida como mosca doméstica, tem um genoma diploide, o que significa que tem dois conjuntos de cromossomas, cada um com seis pares, num total de 12 cromossomas. Estes cromossomas são numerados de 1 a 6 com base no seu tamanho, sendo os cromossomas 1-3 fortemente corados (mais escuros) e designados por heterocromáticos, e os cromossomas 4-6 menos corados (mais claros) e designados por eucromáticos.

O genoma da mosca doméstica foi sequenciado e caracterizado, e estima-se que contenha aproximadamente 150 milhões de pares de bases. Este genoma contém um elevado número de elementos transponíveis e genes, muitos dos quais estão envolvidos em funções importantes como o metabolismo, o desenvolvimento e a imunidade. Além disso, o genoma também contém genes envolvidos na resistência a pesticidas, o que pode contribuir para a capacidade da mosca doméstica de sobreviver em ambientes onde os pesticidas são normalmente utilizados.

A organização cromossómica da mosca doméstica é semelhante à de outros insectos Diptera, como a Drosophila melanogaster. Isto faz da mosca doméstica um organismo modelo útil para o estudo da genética e da biologia cromossómica em insectos, e muitas das mesmas técnicas e métodos utilizados para estudar os cromossomas da Drosophila podem também ser aplicados para estudar os cromossomas da *Musca domestica.*

**Estoque**

1. Soro fisiológico de Belar
   * Cloreto de sódio 6,0 gm

- Cloreto de potássio 0,2 gm
- Cloreto de cálcio 0,2 gm
- Bicarbonato de sódio 0,2 gm
- Água destilada 1000 ml

2. Aceto-álcool
3. HCl 1N
4. Hematoxilina de Gomori

**Procedimento**

1. Obter uma pupa adulta de uma mosca doméstica e remover as suas extremidades abdominais

   e o tecido testicular ou ovárico.
2. Aplicar soro fisiológico de Belar no conteúdo visceral para separar o testículo das vísceras, revelando um nódulo branco ou acastanhado em forma de pera.
3. Fixar o tecido utilizando uma proporção de 1:3 de aceto-álcool durante 5 minutos.
4. Hidrolisar o tecido mergulhando-o em HCl 1N frio durante 3 minutos e depois em HCl 1N quente (60° C) durante 5 minutos.
5. Corar a amostra com hematoxilina de Gomori durante 40-45 minutos após a hidrólise.
6. Diferenciar o tecido em ácido acético a 45% recentemente produzido durante 10 minutos.
7. Esmagar o tecido em ácido acético a 45% e montá-lo em euparal após refrigeração durante um dia.

**Observações**

A observação de uma amostra preparada de células do testículo e do ovário em diferentes fases da meiose mostra que estas células contêm 12 cromossomas diplóides. Os pares de cromossomas III, IV, V e Y são sub-metacêntricos, enquanto os pares II, VI e X são metacêntricos.

Durante o início da prófase I, podem ser observados fios finos de cromatina e o cromossoma sexual heteropicnótico pode estar localizado num dos lados do núcleo. O bivalente sexual pode aparecer em forma de U na metáfase I, enquanto os bivalentes autossómicos assumem a forma de V ou J. Os cromossomas sexuais também se movem ativamente durante a anáfase I. Durante a prófase II, os cromossomas aparecem como corpos longos e fracamente coloridos e, na metáfase II, podem assemelhar-se aos cromossomas V ou J. O cromossoma X pode ser difícil de distinguir e assemelhar-se ao cromossoma VI, enquanto o cromossoma Y é facilmente identificado como o componente celular mais pequeno.

**Nota**

2% Acetocarmine pode funcionar como uma alternativa à Mancha de Gomori.

# Cultura de medula óssea

A técnica de cultura de medula óssea é um processo laboratorial utilizado para cultivar e examinar células da medula óssea. Este método começa com a remoção de uma amostra de medula óssea, normalmente do osso da anca, através de um procedimento chamado aspiração ou biopsia. A amostra de medula óssea é depois adicionada a uma placa de cultura com meio de crescimento e colocada numa incubadora para que as células cresçam e se dividam. Durante o processo, a cultura é monitorizada de perto ao microscópio para verificar o crescimento e o desenvolvimento das células. Quando as células atingem um número suficiente, podem ser colhidas para posterior análise ou experimentação e podem também ser criopreservadas para utilização futura. Esta técnica é complexa e requer pessoal de laboratório treinado, com o equipamento e os conhecimentos necessários para a sua execução. No entanto, a principal desvantagem da cultura de medula óssea é o facto de exigir o sacrifício da amostra e poder ser dolorosa para animais de maiores dimensões. O número de células obtidas pode também ser limitado nos jovens e inexistente nos adultos devido à atividade mitótica variável nos animais maduros.

**Estoque**

1. Colchicina ou Veblan 0,5 ml

   Éter 5,0 ml

   Cloreto de potássio 0,56%.

2. Aceto-álcool, 1:3 100 ml

3. Ácido sulfúrico

4. Giemsa (Merk)

   Giemsa em pó 0,78 gm

   Glicerina 50 ml

   Metanol 50 ml

5. Tampão de Sorenson (4%)

   Na2HPO4 0,580 gm

   NaH2PO4 0,358 gm

   Água destilada 1 litro

## Procedimento

Etapa 1: Injeção intraperitoneal

1. Escolha o medicamento adequado para a sua amostra (colchicina ou Velban).
2. Injetar o medicamento no peritoneu do espécime uma a duas horas antes de colher as células.
3. O tempo necessário para que a amostra reúna células suficientes para a metáfase pode variar consoante o seu tamanho.

Etapa 2: Administração de éter e aspirado de medula óssea

1. Administrar éter por via nasal à amostra para a deixar inconsciente.
2. Fazer uma incisão abdominal e remover o fémur, a tíbia ou o esterno.
3. Aspirar a medula óssea cortando as epífises e utilizando uma solução de KCl a 0,56% previamente aquecida numa seringa hipodérmica.

Etapa 3: Centrifugação e fixação

1. Centrifugar a suspensão de células a 500 rpm durante 5 minutos.

2. Deixar a suspensão de células repousar a 37°C durante mais 30 minutos.

3. Retirar o sobrenadante e fixar o sedimento com álcool acético (1:3), agitando continuamente.

4. Rodar o material a 500 rpm durante mais 5 minutos e deixar fixar à temperatura ambiente durante 30 minutos.

5. Repetir os passos 4 e 5 duas ou três vezes até obter a densidade celular ideal.

6. Por fim, adicionar 5 a 10 ml de fixador novo.

Etapa 4: Secagem com chama e coloração

1. Mergulhar as lâminas de vidro microscópico numa solução 1:4 de ácido sulfúrico e água durante uma noite.

2. Lave as lâminas durante uma hora em água corrente, mergulhe-as em álcool a 70% durante 2-4 horas e guarde-as no frigorífico.

3. Colocar uma gota de suspensão de células numa lâmina limpa e húmida e movê-la suavemente sobre uma chama ou placa quente até que o fixador tenha evaporado.

4. Corar as lâminas durante 15 minutos com solução de Giemsa (Merk) diluída a 1:50 com tampão de Sorenson a pH 6,8.

5. Lave as lâminas com água corrente, deixe-as secar ao ar e monte-as em DPX.

**Notas**

- A solução hipotónica é utilizada para aumentar o tamanho das células e espalhar os cromossomas.
- O fixador aceto-álcool (1:3) é utilizado para conservar as placas de células.

# Biópsia dos testículos

**Estoque**

1.  Cloreto de potássio 0,56%.

2.  Ácido acético 60 %

3.  Aceto-álcool, 1:3

4.  Giemsa (Merk) 0,78 gm

    Giemsa em pó 50 ml

    Glicerina 50 ml

    Metanol

5.  Tampão de Sorenson (4%)

    Na2HPO4 0,58 gm

    NaH2PO4 0,358 gm

6.  Água destilada 1 litro

7.  DPX

**Procedimento**

Etapa 1: Obter testículos de um animal adulto e dissecar o tecido

- Extrair cuidadosamente os testículos de um animal adulto
- Dissecar os testículos para retirar o tecido pretendido

Passo 2: Macerar o tecido

- Colocar o tecido dissecado em KCl a 0,56% previamente

aquecido a 37°C

- Deixar as células inchar durante 1 hora à mesma temperatura

Passo 3: Submergir o tecido em ácido acético

- Submergir o tecido em ácido acético a 60% durante 6-8 minutos

Etapa 4: Fixar a amostra com álcool acético

- Incubar a amostra num volume igual de aceto-álcool (1:3) durante 1015 minutos a 37°C

Etapa 5: Centrifugar a amostra

- Centrifugar a amostra durante 5 minutos a 500 rpm
- Retirar o sobrenadante

Passo 6: Repetir o processo de fixação

- Misturar 10-15 ml de fixador novo
- Repetir duas vezes os passos 5 e 6, ajustando o volume de fixador conforme necessário para obter a densidade celular ideal

Passo 7: Colocar a suspensão de células numa lâmina de vidro

- Colocar uma pequena quantidade da suspensão de células numa lâmina de vidro esterilizada
- Levantar a corrediça com uma lâmpada de álcool

Etapa 8: Corar a lâmina com a solução de Giemsa merk

- Corar a lâmina com a solução de Giemsa merk (diluída 1:50 com tampão de Sorenson, pH ajustado a 6,8)

Passo 9: Lavar, secar ao ar e montar as lâminas

- Lavar as lâminas
- Secar ao ar
- Montá-los em DPX

**Nota**

A investigação da meiose não deve ser efectuada após o pré-tratamento devido à interferência do produto químico no comportamento de emparelhamento, que pode perturbar o emparelhamento preciso dos cromossomas homólogos, a quantidade de quiasma, etc.

# Microcromossomas

Os microcromossomas são pequenos cromossomas que estão presentes em vários organismos, como plantas, insectos e peixes. Caracterizam-se pelo seu tamanho, que é mais pequeno do que os cromossomas normais, e pela sua estrutura simples, sem as típicas bandas e anéis observados nos cromossomas maiores. Descobriu-se que os microcromossomas desempenham um papel na regulação dos genes, na evolução de novas características e na formação de poliplóides. Para além dos microcromossomas, observam-se "estruturas semelhantes a pontos" durante a divisão celular e, embora a sua função exacta ainda esteja a ser estudada, pensa-se que desempenham um papel na organização e segregação dos cromossomas durante a divisão celular e/ou na reparação de cromossomas danificados. Os investigadores estão a utilizar técnicas como a microscopia, a imunofluorescência e a microscopia eletrónica para obter mais informações sobre as propriedades e o comportamento destas estruturas semelhantes a pontos.

**Estoque**

1.  Colchicina ou Veblan 0,5 ml

    Éter 5,0 ml

    Cloreto de potássio 0,56%.

2.  Aceto-álcool, 1:3 100 ml

3.  Ácido sulfúrico

4.  Giemsa (Merk)

    Giemsa em pó 0,78 gm

    Glicerina 50 ml

Metanol 50 ml

5.  Tampão de Sorenson (4%)

Na2HPO4 0,580 gm

NaH2PO4 0,358 gm

6.  Água destilada 1 litro

## Princípio

Para estudar tanto a divisão mitótica como a meiótica, a opção preferida é um espécime de ave macho. O procedimento começa com a obtenção de uma ave, capturando-a ou obtendo-a de uma instalação de reprodução. Em seguida, é efectuada uma biópsia do testículo através da remoção de um pequeno pedaço de tecido do testículo da ave, que é depois examinado ao microscópio para estudar a divisão meiótica. Além disso, é obtida e examinada uma amostra de medula óssea para estudar a divisão mitótica. Durante a observação, os microcromossomas podem ser vistos como entidades telocêntricas, em forma de pontos e, em alguns casos, podem também estar presentes satélites quebrados ou gotículas de cromatina. Estas observações fornecem informações importantes sobre os processos de divisão celular no espécime de ave.

## Procedimento

Efetuar uma biopsia do testículo para análise meiótica e um procedimento na medula óssea para exame mitótico.

## Observação

Os microcromossomas aparecem como pontos telocêntricos e, em certos casos, podem estar presentes satélites partidos ou gotículas de cromatina.

# Cromossomas sexuais

Os cromossomas X e Y são os tipos de cromossomas sexuais mais comuns nos mamíferos, incluindo os humanos. A presença ou ausência do cromossoma Y determina o sexo do indivíduo. O cromossoma X é maior e contém mais genes, incluindo os que são importantes para o desenvolvimento e a sobrevivência, enquanto o cromossoma Y tem menos genes e está principalmente envolvido na determinação do sexo e na produção de esperma. Os cromossomas X e Y têm um modo único de hereditariedade: as mulheres têm dois cromossomas X activos e um que é desativado aleatoriamente em cada célula, enquanto os homens têm apenas um cromossoma X e um cromossoma Y.

Os cromossomas sexuais desempenham um papel fundamental nas doenças genéticas, como a hemofilia e o daltonismo, causados por mutações no cromossoma X, e a síndrome de Klinefelter e a síndrome de Turner, causadas por alterações no número de cromossomas sexuais. A compreensão dos cromossomas sexuais é crucial nos estudos genéticos.

Diferentes animais têm diferentes estruturas de cromossomas sexuais, como a estrutura ZZ- ZW encontrada nas aves. O cromossoma X causa o sexo feminino, enquanto o cromossoma Y causa o sexo masculino.

**Estoque**

1.  Colchicina ou Veblan 0,5 ml

    Éter 5,0 ml

    Cloreto de potássio 0,56%.

2.  Aceto-álcool, 1:3 100 ml

3.   Ácido sulfúrico

4.   Giemsa (Merk)

   Giemsa em pó 0,78 gm

   Glicerina 50 ml

   Metanol 50 ml

5.   Tampão de Sorenson (4%)

   Na2HPO4 0,580 gm

   NaH2PO4 0,358 gm
6.   Água destilada 1 litro

**Princípio**

Os animais superiores têm um par de cromossomas que determinam o seu sexo, conhecidos como cromossomas sexuais. O cromossoma X, que é maior e metacêntrico ou submetacêntrico, determina o sexo feminino, enquanto o cromossoma Y, mais pequeno, acrocêntrico ou telocêntrico, determina o sexo masculino. No entanto, outros factores, como a estrutura ZZ-ZW nas aves, também podem influenciar a determinação do sexo. Os espécimes machos de aves são preferidos para estudar as divisões mitóticas e meióticas. A divisão mitótica pode ser estudada utilizando uma técnica de medula óssea, enquanto a meiose é estudada através de uma biopsia do testículo. Numa preparação de medula óssea de cão, os cromossomas X metacêntricos são típicos, enquanto os espécimes de aves apresentam a forma Z-W de determinação do sexo, em que a fêmea é heterogâmica e o cromossoma Z é maior. Nos seres humanos, uma biopsia do testículo revela um cromossoma Y pequeno emparelhado com um cromossoma X longo.

## Procedimento

- Para o estudo da divisão mitótica e meiótica, é preferível um espécime de ave macho.
- Para investigar a mitose, efetuar uma técnica de medula óssea.
- Para observar a meiose, efetuar uma biopsia do testículo.

## Observações

Os resultados mostram que as preparações de medula óssea de cães apresentam cromossomas X metacêntricos, enquanto os espécimes de aves apresentam a forma Z-W de determinação do sexo, com a fêmea heterogâmica a ter um cromossoma Z maior. Nos seres humanos, o testículo biopsiado apresenta um pequeno cromossoma Y emparelhado com um longo cromossoma X.

# Cultura de sangue total de mamíferos

## (Micro-método)

A cultura de sangue total de mamíferos, também conhecida como micrométodo, é uma técnica laboratorial utilizada para detetar e identificar infecções bacterianas ou fúngicas no sangue de mamíferos, incluindo seres humanos. O processo começa com a recolha de uma amostra de sangue do doente, que é depois colocada num recipiente esterilizado e transportada para o laboratório. Uma pequena quantidade da amostra de sangue é então transferida para um meio de cultura concebido para suportar o crescimento de microrganismos.

A cultura é incubada a uma temperatura específica, dependendo do tipo de microrganismo que está a ser testado. Para as bactérias, a temperatura é de 37 graus Celsius e para os fungos é de 25 graus Celsius. O tempo de incubação varia entre 24 e 72 horas e, durante esse tempo, os microrganismos começam a crescer e a multiplicar-se no meio de cultura.

Após o período de incubação, a cultura é examinada para detetar a presença de microrganismos. Se estiverem presentes, aparecerão como colónias na superfície do meio de cultura, que serão caracterizadas pelo seu tamanho, forma, cor e textura para identificação.

É importante ter em conta que os resultados da cultura de sangue total de mamíferos devem ser interpretados com outros testes de diagnóstico e que uma cultura positiva pode nem sempre indicar uma infeção ativa. Podem ser necessários mais testes para confirmar o diagnóstico.

**Estoque**

1. Meio de cultura 10,0 ml
   (utilizar Iscoves, McCoy's 5A, ou RPMI 1640)
2. Soro fetal de vitelo 1,5 ml
3. PHA-M ou mitogénio de Pokeweed 0,2 ml
   (consoante a espécie)
4. Glutamina 0,1 ml
5. Antibiótico- antimicótico 0,1 ml
6. Heparina 0,1 ml
   (a quantidade indicada acima seria necessária para uma cultura
individual).

**Procedimento**

O método de proliferação de células in vitro consiste em adicionar vitaminas e componentes essenciais à cultura. Para começar, devem ser preparados e congelados frascos de cultura individuais de 30 ml.

1. Misturar 0,5 ml de sangue total heparinizado na cultura.
2. Deixar a cultura incubar a 37 °C durante 72 horas.
3. Adicionar 0,1 ml de colchicina (10 mcg/ml) à cultura duas horas antes da colheita.
4. Centrifugar a cultura durante 10 minutos a 1000 rpm utilizando um tubo de centrifugação siliconizado de 15 ml.
5. Remover todos os 0,5 ml de meio, exceto o último, utilizando uma pipeta e ressuspender suavemente o sedimento.
6. Incubar as células em 10 ml de KCl 0,075 M durante 12 minutos a 37°C.
7. Centrifugar e ressuspender as células no líquido residual.
8. Adicionar algumas gotas de fixador frio (uma solução 3:1 de metanol para ácido acético) e deixar as células repousar durante 20 minutos à temperatura ambiente.

9. Pipetar todos os líquidos exceto 0,5 ml do fixador, centrifugar e ressuspender o sedimento.

10. Repetir os passos 10 e 11 duas ou três vezes para limpar completamente a cultura.

É importante notar que este método é adequado para o sangue humano, canino e felino e pode também ser obtido utilizando soro de suíno.

## Método alternativo - I

Para preparar placas cromossómicas a partir de amostras de sangue, siga estes passos:

1. Colher 3-4 mililitros de sangue venoso e transferi-lo para uma seringa asséptica que tenha sido enchida com 0,1 mililitros de solução de heparina (1000 unidades/ml). Assegurar a substituição imediata da proteção da agulha para evitar contaminação e fugas e agitar bem o conteúdo da seringa.

2. Deixar a seringa na vertical à temperatura ambiente durante 30 minutos a uma hora para permitir a separação dos glóbulos vermelhos do plasma que contém os glóbulos brancos. Manter a proteção da agulha no lugar.

3. Espremer 0,3-0,5 mililitros de plasma para um frasco de cultura que já contém 6 mililitros de meio de cultura, 2 mililitros de soro fetal de vitelo e 0,2 mililitros de fitohemaglutinina.

4. Fechar o frasco com uma rolha de borracha limpa e incubar a 30 graus Celsius.

5. Após três dias, adicionar algumas gotas de colchicina (0,04 mg/ml) à cultura.

6. Centrifugar o meio com as células em suspensão durante 5 minutos a 1000 rotações por minuto.

7. Decantar o sobrenadante e adicionar 2 mililitros de KCl 0,075 M. Deixar repousar à temperatura ambiente durante 15 a 30

minutos.

8. Agitar 5-10 mililitros de álcool acético recém-preparado (1:3) e deixar a mistura repousar durante 5 minutos à temperatura ambiente. Repetir o passo várias vezes até a suspensão ficar uniforme e sem uma tonalidade avermelhada.

9. Para preparar as placas cromossómicas, colocar uma gota de suspensão celular a uma altura de 10 a 20 centímetros, segurando a lâmina num ângulo de 45 graus. Passar a lâmina por uma lâmpada de álcool para queimar o metanol extra.

10. Após 15 minutos de coloração com Giemsa, lavar as preparações em água da torneira, secá-las ao ar, mergulhá-las em xilol e montá-las em DPX.

**Nota**

O cloreto de potássio (KCl) tem um melhor desempenho do que o citrato de sódio em placas cromossómicas feitas a partir de amostras de sangue. O pH da solução pode ser alterado através da adição de bicarbonato de sódio (NaHCO3) ou de ácido clorídrico (HCl) 0,1 M.

**Método alternativo - II**

Para executar o método por etapas, devem ser seguidos os seguintes passos num ambiente assético:

1. Colher sangue venoso para uma seringa asséptica cheia de solução de heparina e deixar que a gravidade separe os glóbulos vermelhos do plasma.

2. Incubar o plasma num frasco de cultura contendo meios de cultura, soro fetal de vitelo e fitohemaglutinina.

3. Centrifugar as células para separar ainda mais os componentes.

4. Tratar as células com colchicina e solução de KCl para as preparar para a análise cromossómica.

5. Fixar as células com aceto-álcool e corá-las para visualização

dos cromossomas.

# Leucócitos de aves

## (Embrião inteiro)

A cultura de células de aves (embrião inteiro) é um método de cultivo de células de embriões de aves em laboratório. O processo começa com a recolha de ovos de aves como galinhas ou patos e a sua incubação até à fase correcta de desenvolvimento. Os embriões são então retirados e colocados numa placa de cultura cheia de um meio rico em nutrientes, como um meio definido sem soro, para apoiar o crescimento celular. A placa é mantida numa incubadora com condições semelhantes às do interior do ovo, como 37°C e 5% de $CO_2$, para promover a sobrevivência das células. Ao longo do tempo, as células dos embriões dividem-se e crescem, formando uma monocamada na superfície da placa, que pode ser utilizada para vários fins, como estudar o desenvolvimento das aves, testar os efeitos de medicamentos ou produtos químicos nas células das aves ou produzir proteínas para investigação ou indústria.

No entanto, existem limitações como o baixo rendimento celular, o custo elevado, a necessidade de instalações para animais e preocupações éticas. É crucial seguir as directrizes e regulamentos estabelecidos por organizações de proteção dos animais e agências governamentais para garantir o tratamento humano das aves e evitar a propagação de doenças. As células de fibroblastos aviários também podem ser cultivadas utilizando embriões de galinha, biópsias de pele ou qualquer tecido epitelial ou conjuntivo. Este método reduz a contaminação, melhora a proliferação celular e encurta os tempos de incubação.

### Estoque

1.   Soro de vitelo/Soro de galinha 7,0 ml

2. Mistura de antibióticos e antimicóticos 1,0 ml

3. L-Glutamina (GIBCO) 1,0 ml

**Médio**

(Mc Coy's 5a, Ham's F10 ou qualquer outro meio autossuficiente). Preparar o meio imediatamente antes da utilização.

Tripsina

(Gibco trypsin 2.5% (1:250) diluição 10X. Diluir com 180 ml de BSS estéril (sem Ca e Mg), de Hank ou de Tyrode.

4. Solução de Chick Ringer

NaCl 7,2 gm

CaCl2 0,17 gm

KCl 0,37 gm

Água destilada 1000 ml

**Procedimento**

1. Autoclavar o material de vidro e manter o equipamento em etanol a 70%. Secar com chama antes de utilizar.

2. Executar o trabalho sob uma campânula esterilizada com uma lâmpada UV, mantendo a lâmpada acesa, exceto quando trabalhar atrás da campânula.

3. Antes de começar, desligar a luz UV e colocar uma toalha embebida em Betadine no chão do exaustor.

4. Esfregar os braços e as mãos. Pré-incubar um ovo viável durante 24 horas, limpar a casca exterior com etanol a 70% e deixar secar.

5.  Partir a casca do ovo, remover a albumina e colocar a gema num prato de amostra com solução de Ringer esterilizada.

6.  Retirar a blástula com uma pinça e uma tesoura esterilizadas. Agitar a blástula em solução de Ringer para remover a membrana vitelina e a gema extra.

7.  Transferir o embrião para um recipiente estéril com 0,5-1 ml de Tyrode's ou Hank's BSS.

8.  Repetir o processo para mais ovos consoante a sua idade.

9.  Separar cuidadosamente os embriões em BSS para criar uma suspensão de células.

10. Encher dois frascos de 25 cm$^3$ com 3 ml de meio de cultura e 1 ml de suspensão de células embrionárias. Incubar a 41°C.

## Subcultura ou colheita de células

1.  Administrar Colchicina @ 0,01 ml (solução a 0,05%) a cada frasco para colheita de células às 24-48 horas, quando as células começarem a aderir ao frasco.

2.  Utilizar tripsina a 0,025% em BSS para remover as células do frasco, colocar o frasco num banho de água a 37°C para soltar as células.

3.  Transferir a suspensão de tripsina celular para um tubo de centrifugação com 0,025 ml de soro de galinha. Centrifugar durante 10 minutos a 1000 rpm.

4.  Eliminar o sobrenadante, ressuspender o sedimento no meio de cultura e incubar num novo frasco.

5.  Para a pesquisa cromossómica, eliminar o sobrenadante, ressuspender o sedimento e adicionar 2-3 ml de citrato de sódio a 0,45%. Centrifugar durante dez minutos a 1000 rpm.

6.    Fixar o sedimento em aceto-metanol, 1:3, durante 30 minutos, mudando o fixador duas ou três vezes no caso de preparações secas ao ar.

# Cultura de leucócitos de aves

A cultura de leucócitos de aves (ALC) é um método laboratorial que envolve o isolamento e a cultura de glóbulos brancos de espécies aviárias, incluindo galinhas, perus e patos. O processo começa com a recolha de uma amostra de sangue da ave, normalmente da veia da asa. Os glóbulos brancos são depois separados do resto do sangue através de centrifugação.

Uma vez isolados, os leucócitos são colocados num meio de cultura que contém uma combinação de nutrientes e factores de crescimento para apoiar o seu crescimento e proliferação. As células são incubadas a temperaturas e níveis de humidade específicos e são regularmente monitorizadas quanto ao seu crescimento e desenvolvimento.

A ALC tem várias utilizações no estudo da imunidade das aves, incluindo a identificação de potenciais agentes patogénicos e a avaliação da eficácia das vacinas. Pode também ser utilizada para estudar o impacto de vários produtos químicos, medicamentos e outros agentes no sistema imunitário das aves. A ALC é um instrumento versátil e valioso para compreender a biologia do sistema imunitário das aves. Pode ser utilizada tanto em contextos de investigação como de diagnóstico e fornece informações valiosas sobre a imunidade das aves, os agentes patogénicos e a eficácia das vacinas.

**Estoque**

1.  Meio de cultura

    A Mc Coy's a (Mod) (GIBCO) 10.0 ml

    B Iscoves Modificado (GIBCO)

2.    Glutamina (GIBCO, DIFCO) 0,1 ml

3.    Antibiótico-antimicótico 0,1 ml

4.    Heparina 0,1 ml

5.    Mitogénio

A Pokeweed 0,1 ml

B PHA-M 0,1 ml

**Procedimento**

O procedimento para a obtenção de placas metafásicas de alta qualidade para a cariotipagem é descrito nos passos seguintes:

1.    Obter uma seringa estéril heparinizada e enchê-la com 10 ml de sangue.
2.    Centrifugar o sangue durante 10 a 20 minutos a uma velocidade de rotação de 500-600 rpm.
3.    Preparar um frasco de cultura, adicionando 10 ml de meio e 1-2 ml de plasma com leucócitos.
4.    Incubar a cultura a 41 graus Celsius durante 70 a 72 horas e depois adicionar uma gota de solução de colchicina a 0,05% durante mais uma ou duas horas.
5.    Centrifugar a cultura durante 10 minutos a 1000 rpm e guardar 0,5 ml do sobrenadante.
6.    Agitar as células continuamente enquanto se adicionam 5 ml de solução hipotónica (água destilada com soro de galinha ou KCl 0,075 M) para obter cromatídeos uniformemente distribuídos.
7.    Centrifugar a suspensão durante 10 minutos a 1000 rpm e guardar 0,5 ml da mesma.
8.    Agitar continuamente as células em 3 ml de álcool acético acabado de preparar (ácido acético e metanol numa proporção

de 1:3) para as fixar.

**Nota**

O método acima descrito permite obter placas metafásicas de elevada qualidade, mas podem ser tentadas modificações como a redução do tempo de incubação da colchicina para 30 minutos ou a utilização de uma solução hipotónica sem soro para a análise de bandas. O método de cultura de leucócitos também pode ser utilizado para a análise cromossómica.

**Método alternativo**

**Estoque**

1. Meio 2,0 ml

    (utilizar Iscoves, McCoy's 5A, ou RPMI 1640)
2. Soro fetal de vitelo 2,0 ml
3. Fitohemaglutinina 0,2 ml

4. Heparina 0,1 ml

    (a quantidade indicada acima seria necessária para uma cultura individual).

5. NaHCO3

    HCl 0,1 M

    KCl 0,075 M

6. Colchicina/colcemida

7. Aceto-álcool, 1:3

8. Giemsa (Merk)

    Giemsa em pó 0,78 gm

    Glicerina 50 ml

Metanol 50 ml

9. Seringa esterilizada com proteção da agulha

10. Frascos/garrafas de cultura

**Procedimento**

Para preparar placas metafásicas de alta qualidade para cariotipagem, siga estas instruções passo a passo:

1. Colher sangue venoso utilizando uma seringa asséptica cheia com 0,1 ml de solução de heparina (1000 unidades/ml). Colher 3-4 ml de sangue para a seringa e misturá-lo com a solução de heparina.

2. Certifique-se de que a proteção da agulha não apresenta fugas nem está contaminada. Se necessário, substituí-la imediatamente.

3. Permitir a separação dos glóbulos vermelhos dos glóbulos brancos, mantendo a seringa na vertical durante 30-60 minutos à temperatura ambiente. O plasma deve conter 0,5-1,0 cc de leucócitos.

4. Preparar a cultura adicionando 0,3-0,5 ml de plasma a um frasco de cultura com 6 ml de meio de cultura, 2 ml de soro fetal de vitelo e 0,2 ml de fitohemaglutinina. Incubar a cultura a 37 graus Celsius e manter um pH estável com NaHCO3 ou HCl 0,1 M.

5. Após 2,5-3 dias de incubação, adicionar colchicina (0,04 mg/ml) ou colcemida (0,2 mg/ml) e incubar durante mais 1,5 horas.

6. Centrifugar o meio e as células suspensas a 1000 rpm durante 5 minutos.

7. Juntar 2 ml de KCl 0,075 M e deixar repousar à temperatura ambiente durante 15-25 minutos.

8. Misturar 5-10 ml de álcool acético acabado de preparar (proporção 1:3) e repetir até a suspensão ficar homogénea e a tonalidade vermelha desaparecer.

9. Adicionar 10-15 ml de fixador fresco para obter a densidade celular ideal.

10. Preparar a lâmina colocando uma gota da suspensão de células na lâmina e movendo-a sobre uma lâmpada de álcool para remover qualquer fixador extra.

11. Corar as lâminas com Giemsa durante 15 minutos.

12. Lavar as lâminas com água corrente, secá-las ao ar, embebê-las em xilol e montá-las em DPX.

**Nota**

É crucial assegurar que a proteção da agulha não vaza ou fica contaminada e que as células são homogeneamente misturadas em cada passo. A utilização de colchicina ou colcemida ajudará a obter cromatídeos mais longos para a análise de bandas.

# Cromossomas humanos

Os cromossomas humanos são estruturas complexas que desempenham um papel crucial no armazenamento e na herança da informação genética. Os primeiros estudos sobre cromossomas eram limitados e inicialmente acreditava-se que o número de cromossomas humanos era 48. Mas, com o advento de novas técnicas, como o tratamento com colchicina e soluções hipotónicas na década de 1950, os cromossomas individuais puderam ser separados e caracterizados. Em 1956, J. H. Tjio e Albert Levan confirmaram que o número de cromossomas humanos é 46 (23 pares) através da análise de células embrionárias humanas.

Atualmente, os glóbulos brancos obtidos a partir de amostras de sangue venoso são normalmente utilizados para a análise cromossómica. As células são tratadas com colchicina, colocadas numa solução hipotónica, fixadas, coradas e esmagadas para dispersar os cromossomas. Isto permite a identificação de cromossomas individuais com base no tamanho e na localização do centrómero, que é o local de fixação do fuso mitótico.

Cada célula humana, exceto o espermatozoide e o óvulo, contém 46 cromossomas que se dividem e formam cópias idênticas através da mitose. Os espermatozóides e os óvulos têm apenas 23 cromossomas cada, que se combinam durante a fertilização para formar um zigoto com 46 cromossomas. Cada par de cromossomas humanos contém milhares de genes, que codificam proteínas e moléculas específicas que desempenham funções no corpo. Os primeiros 22 pares de cromossomas são chamados autossomas e não determinam o sexo de um indivíduo, enquanto o 23º par, os cromossomas sexuais, determinam o sexo de um indivíduo (as mulheres têm normalmente dois cromossomas X e os homens têm um cromossoma X e um Y).

As doenças genéticas podem surgir devido a problemas na estrutura ou no número de cromossomas, como a presença de uma cópia extra do cromossoma 21 que causa a síndrome de Down.

# Cultura de linfócitos

A cultura de linfócitos é um método laboratorial que envolve o cultivo de linfócitos, um tipo de glóbulo branco essencial para a resposta imunitária. O processo começa com a obtenção de uma amostra de sangue do indivíduo, separando os linfócitos através de centrifugação, e depois cultivando-os num meio de cultura composto por nutrientes e factores de crescimento. As células são incubadas a uma temperatura e humidade específicas e o seu crescimento e desenvolvimento são monitorizados a intervalos regulares.

Existem dois tipos de cultura de linfócitos: primária e secundária. A cultura primária refere-se ao crescimento inicial de linfócitos de um indivíduo específico, enquanto a cultura secundária envolve a re-cultura das células após a cultura primária. A cultura primária de linfócitos é efectuada em células mononucleares do sangue periférico (PBMCs), que são isoladas dos glóbulos vermelhos através de centrifugação com gradiente de densidade.

A cultura de linfócitos tem várias aplicações na investigação e no diagnóstico. É uma ferramenta valiosa para compreender a biologia do sistema imunitário e identificar potenciais agentes patogénicos, avaliar a eficácia das vacinas e estudar o impacto de produtos químicos, medicamentos e outros agentes no sistema imunitário. Em contextos de diagnóstico, a cultura de linfócitos é utilizada para avaliar a função do sistema imunitário em indivíduos com deficiências imunitárias, cancro ou infecções crónicas. Os médicos podem utilizar o crescimento e o desenvolvimento das células em cultura para determinar o estado imunitário do doente e fazer um diagnóstico.

A cultura de linfócitos é também útil na investigação do cancro, uma vez que permite o estudo da resposta imunitária às células cancerígenas e o desenvolvimento de imunoterapias para o tratamento do cancro. Em conclusão, a cultura de linfócitos é uma técnica poderosa que fornece informações cruciais sobre a biologia do sistema imunitário e pode ser utilizada para diagnosticar e tratar várias doenças e afecções.

**Estoque**

Meio de cultura

1. Utilizar Parker 199 / McCoy's ou Eagle's MEM / Medium TC 199. 5. Utilizar água triplamente destilada para dissolver o meio. Adicionar solução de bicarbonato de sódio para manter o pH entre 7,2 e 7,4 com a coloração vermelha ou cor-de-rosa caraterística para utilização imediata. Esterilizar colocando água filtrada num frasco autoclavado.
2. Penicilina 100-200 unidades/ml
3. Estreptomicina 50-100 mg/ml
   (Testar a esterilidade mantendo a 37° C durante 48 horas e guardar no frigorífico)
4. Fitohemaglutinina P$^\#$
5. Heparina sódica#/ Laqueniur
6. Colchicina/colcemid#
   ($^\#$ Conservar a 2° C)
7. Fixador
   Ácido acético glacial 1 parte
   Metanol 3 partes
8. Álcool absoluto
9. Espírito rectificado
10. Coloração de Giemsa
11. Cloreto de potássio (0,07 M) 0,56%
12. Xilol
13. Ácido clorídrico
14. Hidróxido de amónio

15. Glicerol

16. Bicarbonato de sódio

17. Fosfato de sódio monobásico (NaH2PO4)

18. Fosfato de sódio dibásico (Na2HPO4)

19. Fosfato de potássio monobásico (KH2PO4)

## Material de laboratório

1. Tubos de cultura (baquelite) 15/30 ml

2. Seringas 1/2/5/10 ml

3. Agulhas n.º 21/22/23

4. Pipetas de Pasteur com conta-gotas de borracha

5. Tubos de centrifugação 1/10/25/50 ml

6. Pipetas

7. Frascos de reagentes

8. Frascos de coloração

9. Lâminas de vidro

10. Coverslips

11. Garrafas de 500 ml

12. Filtros Millipore, com almofadas de filtro sobresselentes 0,22/0,20

## Procedimento

Passo 1: Esterilização

A esterilização é um passo crucial no processo de cultura para garantir o seu sucesso. Deve ser utilizado um meio de alta qualidade, como o Parker 199 / McCoy's ou o Eagle's MEM / Medium TC 199. Para preparar o meio, dissolvê-lo em água triplamente destilada e ajustar o pH com uma solução de bicarbonato de sódio para manter um pH entre 7,2 e 7,4, o que resultará numa coloração vermelha ou cor-de-rosa caraterística. O meio deve ser utilizado imediatamente após a sua preparação.

Para esterilizar todo o equipamento de laboratório, incluindo frascos de meio, seringas, agulhas, rolhas, tubos de cultura e respectivas tampas e cápsulas, devem ser seguidos os seguintes passos:

1. Lavar bem o equipamento com detergente e deixar ferver durante 30 minutos. Utilizar um pincel para limpar a zona.
2. Colocar o equipamento de molho em água destilada durante a noite, depois de enxaguado com água corrente durante três horas.
3. Secar o equipamento numa estufa regulada para 60 a 80°C.
4. Embrulhar o equipamento em papel ou folha de alumínio.
5. Autoclavar durante 30 minutos a 15 lbs.

Para pipetas e pequenas seringas, lavar com detergente e enxaguar bem em água da torneira durante três horas. O material de vidro deve ser mergulhado numa solução de HCl a 5% e deixado a repousar durante a noite. Após a lavagem, mergulhar o material de vidro numa solução de sílica a 1% durante cinco segundos e enxaguar duas ou três vezes em água bidestilada. Secar o material de vidro numa estufa a 60-80°C.

Etapa 2: Recolha da amostra de sangue

Para recolher uma amostra de sangue, siga estes passos:

1. Efetuar uma punção venosa em condições de assepsia rigorosas.
2. Adicionar 1 ml de heparina numa seringa de 5 ml.
3. Deixar a seringa na vertical com a agulha virada para cima durante uma hora, até 30-40% da amostra de sangue estar livre de hemácias.
4. Utilizar uma agulha dobrada para transferir o plasma para um frasco de cultura com 5 ml de meio (0,5-1,0 ml de plasma para 5-10 ml de meio de cultura).

5.   Incubar durante 72-96 horas a 37°C.

É importante notar que as preparações heparinizadas só podem ser armazenadas durante um máximo de 24 horas. Conservar no frigorífico até nova utilização.

Etapa 3: Colheita de células

Para efetuar uma colheita de células com o objetivo de estudar as contagens normais e anormais de linfócitos numa cultura de células sanguíneas, siga estes passos:

1.   Adicionar colchicina (0,04 mg/ml) e colcemida (0,02-0,4 mg/ml) à cultura, 2 horas antes do fim da incubação da cultura. Manter a cultura a 37°C.
2.   Depois de centrifugar a cultura durante 10 minutos, ressuspender o sedimento em solução de KCl 0,075 M durante 20-25 minutos.
3.   Centrifugar novamente a colónia durante 10 minutos, adicionar um fixador novo e centrifugar novamente o conteúdo depois de esperar 10 minutos.
4.   Repetir os passos 3 duas ou três vezes até atingir a densidade celular desejada e, em seguida, adicionar 10-15 ml de fixador fresco.

Etapa 4: Preparação das lâminas

Preparar as lâminas utilizando o procedimento de secagem ao ar/chama.

É crucial enfatizar que estes passos devem ser realizados utilizando técnicas assépticas, com medições exactas, um calendário bem definido e tratamentos histológicos adequados para uma coloração distinta e lâminas duradouras. Esta tarefa pode ser dividida em duas sessões de laboratório de 2 horas ou concluída num único período de laboratório, preparando as culturas no final de uma aula ou fora do horário de aulas.

**Método alternativo**

Etapa 1: Estabelecer culturas

1. Limpar o tecido (lóbulo da orelha ou dedo) com algodão esterilizado e álcool. Perfurar o tecido com uma lanceta descartável esterilizada para recolher 4-5 gotículas de sangue em dois tubos de cultura esterilizados. Adicionar 5 cc de meio de Earle fortificado com 15% de soro de vitelo.

2. Fechar a tampa e inverter suavemente o tubo para misturar. Adicionar 0,2 ml de solução de fitohemaglutinina, um extrato de feijão que promove a divisão celular (mitose).

3. Rotular os tubos com o seu nome e incubar a 37°C durante 68-72 horas.

4. Se a punção do lóbulo da orelha não provocar coagulação, obter mais duas gotas de sangue e colocá-las numa lâmina nova. Fazer um esfregaço de sangue fino, espalhando o sangue de forma uniforme e rápida na primeira lâmina. Deixar secar ao ar e corar com o corante de Wright. Repetir a punção do lóbulo da orelha, se necessário.

5. Observar o esfregaço de sangue e as lâminas preparadas ao microscópio, anotando a proporção de linfócitos em relação aos leucócitos e o tamanho dos núcleos. Pesquisar os linfócitos e a sua contagem normal, os efeitos de contagens acima ou abaixo do normal e as causas de aberrações cromossómicas linfocitárias em livros de referência.

Passo 2: Colheita de células

1. Após 68 horas de incubação, o instrutor adicionará 0,5 cc de solução de colchicina a 0,04% a cada tubo. A colchicina, um alcaloide derivado de plantas, pára a divisão das células durante

a fase de metáfase, ideal para a contagem cromossómica.

2.    As culturas serão interrompidas após 2 ou mais horas de incubação.

3.    Agitar suavemente o tubo para manter as células em suspensão. Transferir o conteúdo dos dois tubos de cultura para um único tubo de centrifugação com uma etiqueta escrita a lápis de cera.

4.    Centrifugar durante 5 minutos a 800 rpm. Retirar o sobrenadante, mantendo as células no tubo.

5.    Utilizar uma pipeta para ressuspender as células em 2 ml de solução de Earle morna.

6.    Adicionar 3-4 ml de solução de Earle e misturar novamente com uma pipeta. Repetir o processo de limpeza.

7.    Centrifugar durante 5 minutos a 8 rpm.

8.    Retirar o sobrenadante até 0,5 ml.

9.    Adicionar gradualmente 1,5 ml de água destilada morna aos 2,0 ml, misturando continuamente.

10.    Centrifugar durante 5 minutos a 600 rpm.

11.    Manter o botão de célula na ponta do tubo depois de retirar o sobrenadante.

12.    Sem perturbar o botão de células, adicionar 3-4 ml de fixador (1 parte de ácido acético, 3 partes de metanol) ao longo do bordo do tubo, inclinando-o ligeiramente.

13.    Fixar durante pelo menos 30 minutos. O processo pode ser interrompido nesta altura.

Etapa 3: Preparação de lâminas para coloração

Para preparar as lâminas para a coloração, os passos seguintes devem ser executados de forma sequencial:

1.    Separar cuidadosamente o botão de tecido no fixador utilizando uma pipeta Pasteur.

2.  Centrifugar o botão de tecido e a mistura de fixador durante cinco minutos a 600 rpm e depois deitar fora o fixador.

3.  Ressuspender as células num novo volume de fixador (1 ml) e repetir o processo de lavagem (passos 2-3) para um total de três ciclos. No entanto, se o número de células for reduzido, saltar a lavagem adicional para evitar a perda de células.

4.  Durante a última lavagem, remover apenas até 0,5 ml de fixador e ajustar o volume para 0,2 ml se apenas forem visíveis algumas células.

5.  Ressuspender as células no volume ajustado.

6.  Retirar do frigorífico um recipiente com água destilada refrigerada e preparar as lâminas, lavando-as com ácido e álcool.

7.  Submergir rapidamente a lâmina em água destilada e enxaguar o excesso de água.

8.  Colocar a lâmina num ângulo de 45 graus e aplicar duas gotas da suspensão de células na parte superior da lâmina. Deixar escorrer e secar ao ar. Repetir o processo para cada lâmina.

Etapa 4: Coloração

Para corar as lâminas, devem ser seguidos os seguintes passos:

1.  Mergulhar as lâminas em aceto-orceína recentemente filtrada durante 10 minutos. Esta pode ser substituída pela coloração de Giemsa ou pela coloração de Wright.

2.  Imergir a lâmina corada em álcool a 95% (três ou quatro mudanças) para remover a maior parte da orceína.

3.  Lavar as lâminas com álcool a 100% (duas mudanças de cinco minutos cada).

4.  Limpar as lâminas em xileno durante 10 minutos.

5.  Montar as lâminas utilizando Bioloid, Euparol ou qualquer outro meio de montagem adequado (Rothfels e Siminovitch, 1958,

Scherz, 1962).

Seguindo estes métodos precisos e minuciosos, serão produzidas lâminas permanentes de alta qualidade que revelam o complemento dos cromossomas 2n. Os linfócitos fornecem uma amostra conveniente para a confirmação do complemento cromossómico e para a deteção de quaisquer contagens aberrantes, comparando o rácio de leucócitos para linfócitos com uma norma padrão.

# Leucócitos polimorfonucleares

Os leucócitos polimorfonucleares (PMNs) são um tipo de glóbulo branco que desempenha um papel fundamental na resposta imunitária do organismo. São facilmente identificados pelos seus grânulos no citoplasma e núcleos multilobados. Os PMNs são o tipo mais abundante de glóbulos brancos e são os primeiros a responder a infecções ou lesões.

Os PMN protegem o corpo ao engolir e destruir microrganismos invasores através de um processo chamado fagocitose e ao libertar substâncias antimicrobianas. Também ajudam a remover células mortas e detritos e contribuem para a formação de coágulos e para a cicatrização de feridas. Os PMNs são produzidos na medula óssea e têm uma vida útil de 1-3 dias.

As anomalias nos PMNs podem indicar doenças como infecções, inflamação e certos tipos de cancro, como a leucemia e a metaplasia mieloide. 5% dos PMNs em humanos do sexo feminino têm "baquetas", que são lóbulos de núcleo distintos, enquanto que nos homens não se verificou a existência destes lóbulos. O método do esfregaço de sangue será utilizado para demonstrar esta diferença entre homens e mulheres. O objetivo destas baquetas ainda não está estabelecido, mas podem servir como uma "arma escondida".

**Procedimento**

1.  Com um algodão esterilizado e álcool a 95%, limpar a zona a extrair (dedo ou lóbulo da orelha).
2.  Retirar sangue e colocar nas lâminas: Retirar sangue e colocar uma gota em cada uma das três lâminas limpas. Espalhe o sangue uniformemente pela lâmina, da esquerda para a direita. Deixe as lâminas secarem ao ar.
3.  Fixar as células nas lâminas: Imergir as lâminas em álcool a 95%

durante 8-10 minutos para fixar as células.

4.  Utilizar Orceína e/ou corante de Wright durante dez minutos de coloração.

5.  Mergulhar cuidadosamente as lâminas coradas três ou quatro vezes em duas mudas de álcool a 95% para iniciar o processo de desidratação. Remover a água utilizando diafano ou álcool puro como solvente (duas mudanças de cinco minutos cada).

6.  Limpar as lâminas durante 10 minutos em xileno (saltar este passo se for utilizado o solvente diafano).

7.  Colocar uma lamela com Bioloid (ou diafano) (Scherz, 1962; Moody, 1967).

## Observações

1.  Obter lâminas ao microscópio e focar os leucócitos polimorfonucleares (neutrófilos).

2.  Procure a presença de "baquetas", que são extensões nucleoplasmáticas que se assemelham à forma de uma baqueta e estão posicionadas terminalmente, uma para um núcleo.

3.  Comparar as lâminas dos dadores do sexo feminino com as dos dadores do sexo masculino.

4.  Observar e anotar quaisquer diferenças nas células entre dadores femininos e masculinos.

5.  Tenha em mente que a função exacta das "baquetas" é desconhecida, mas a sua presença serve como uma caraterística para distinguir as células femininas das masculinas.

# Pasta de penas

## (in vivo)

A polpa de penas é uma abordagem de engenharia de tecidos que utiliza as penas como suporte para o crescimento celular no corpo de um animal. A atividade mitótica das células na base das penas pode variar dentro da mesma ave e entre aves diferentes, tendo algumas penas uma maior proliferação celular do que outras. As penas mais activas para o crescimento celular são normalmente as penas das asas, mas qualquer pena adulta pode ser utilizada para novo crescimento se não houver penas das asas disponíveis, ficando as novas penas prontas em 7 a 10 dias. O processo de polpa de penas começa com a recolha e esterilização das penas, cortando-as em pequenos pedaços e misturando-as com células, tais como células estaminais mesenquimais ou fibroblastos. A mistura de células de penas é implantada no corpo do animal, fornecendo às células um suporte para fixação e crescimento, bem como nutrientes e oxigénio. Com o tempo, as penas são decompostas e substituídas pelo tecido recém-formado, que beneficia da biocompatibilidade e biodegradabilidade das penas, bem como da sua capacidade de oferecer suporte mecânico. Embora esta técnica ainda esteja em desenvolvimento, as suas potenciais vantagens em relação a outros tipos de andaimes fazem dela uma área de investigação promissora.

### Estoque

1. Colchicina ou Veblan

2. Citrato de sódio 0,45

3. Ácido acético

4.    Água destilada

5.    Papel biblíco

6.    Giemsa (Merk)

Giemsa em pó 0,78 gm

Glicerina 50 ml

Metanol 50 ml

7.    Tampão de Sorenson (4%)

Na2HPO4 0,580 gm

NaH2PO4 0,358 gm

8.    Água destilada 1 litro

9.    DPX

**Procedimento**

1.    Administrar a solução de colchicina a 0,05% por via intraperitoneal à ave, seguindo a dosagem especificada com base no peso corporal (0,04 ml/30 gm para crianças e 0,01 ml/13 gm para adultos).

2.    Passadas 1-2 horas, arrancar as penas em desenvolvimento e cortar a ponta proximal com uma pinça. Recolher 2-3 mm de polpa de penas.

3.    Deitar a polpa de penas numa solução de citrato de sódio a 0,45%.

4.    Colocar a polpa de penas de molho numa solução ácido-água (5 ml de ácido acético e 5 ml de água destilada) durante pelo menos 30 minutos.

5. Colocar um pedaço de polpa de penas numa lâmina limpa e espalhá-lo com uma pinça para criar uma camada fina de células.

6. Colocar uma lamela em cima da polpa de penas e bater com um objeto rombo para espalhar o material.

7. Remover o excesso de fixador pressionando suavemente a lamela sobre a lâmina, segurando-a entre papel absorvente dobrado ou papel absorvente.

8. Examinar a amostra num microscópio de contraste de fase e avaliar a qualidade da placa. Se a placa for boa, corá-la e montá-la com um material de montagem adequado.

**Nota**

O período de tempo necessário para a formação da placa metafásica pode variar consoante o peso corporal do espécime. Evitar utilizar espécimes com penas coloridas ou inspecionar cuidadosamente a ave para verificar se existem penas não pigmentadas. Macerar as penas, se necessário, e utilizar a polpa transparente e semi-sólida da sua extremidade proximal. A polpa de aves com um dia de idade pode ser tratada com uma solução hipotónica antes de se fazer o esfregaço. Os pedaços maiores de polpa podem ser deitados fora depois de espalhados.

# Polpa de penas

## (in vitro)

A polpa de penas (in vitro) é uma abordagem de engenharia de tecidos de ponta que utiliza as penas como estrutura para a cultura de células numa configuração laboratorial. O procedimento começa com a recolha de penas de uma ave, seguida de esterilização para eliminar qualquer contaminação microbiana. As penas são então cortadas em pequenos fragmentos e colocadas numa placa de cultura juntamente com células como as células estaminais mesenquimais ou fibroblastos, para criar o tecido.

Estas células fixam-se e crescem no suporte de penas que oferece uma estrutura tridimensional e fornece às células nutrientes essenciais e oxigénio através da sua natureza porosa. As células diferenciam-se então e formam o tecido-alvo, como osso, cartilagem ou músculo. Quando o tecido atinge o tamanho desejado, pode ser retirado do suporte de penas e implantado no corpo do animal.

A utilização de penas como suporte apresenta várias vantagens em relação a outros materiais de suporte, incluindo a sua biocompatibilidade, biodegradabilidade e a capacidade de imitar o microambiente natural do tecido. O andaime de penas também fornece suporte mecânico para as células em crescimento e permite uma estrutura de crescimento tridimensional.

O suporte de penas utilizado no procedimento in vitro serve de modelo para o crescimento celular e o tecido será eventualmente transplantado, mas o suporte em si não será implantado no corpo.

**Estoque**

1.  Mc Coy's 5a médio (Mod), 199 F10 ou similar

2. Solução de colchicina
3. A solução do Hank
4. Citrato de sódio 0,45%
5. Ácido acético

**Procedimento**

1. Aquecer uma amostra de Mc Coy's 5a medium, 199 F10, ou uma similar

    meio completo a 41°C.
2. Adicionar solução de colchicina (0,05% em 0,25 ml/solução de Hank's em 25 ml, 5 ug/ml) ao meio aquecido na gama de 0,25 a 0,50 ml.
3. Recolher 2 a 3 mm de polpa de penas, arrancando a ponta proximal das penas depenadas com uma pinça, e inseri-la no meio de cultura. Incubar as penas no meio de cultura durante 45 minutos a 41°C.
4. Retirar os pellets de polpa de penas do meio e tratar com 5 ml de solução de citrato de sódio a 0,45% durante 15-20 minutos.
5. Fixar a polpa de penas em 5 a 10 ml de ácido acético a 50% durante 1 hora ou durante a noite.

**Nota**

O período de tempo para a formação da placa metafásica e a dosagem de colchicina dependerão do peso corporal do espécime e doses excessivas ou tempo prolongado podem resultar em cromossomas deformados. A ave pode recuperar e ficar animada após a dose prescrita.

# Transplante de células da ascite

O transplante de células da ascite em ratinhos é uma técnica utilizada para estudar o cancro e as interacções entre as células cancerígenas e os tecidos hospedeiros. O processo envolve a injeção de células cancerígenas, conhecidas como células da ascite, na cavidade peritoneal de ratinhos. Isto permite a criação de grandes tumores no corpo do ratinho que podem depois ser analisados quanto às suas propriedades e comportamento.

A fase inicial deste processo consiste em formar uma linha celular. Normalmente, isto é feito injectando células cancerígenas na cavidade peritoneal de ratinhos, permitindo que as células cresçam e formem tumores. Uma vez obtido um número suficiente de células, estas podem ser recolhidas e utilizadas para estudos posteriores.

Em seguida, os ratinhos são anestesiados e é feita uma pequena incisão na pele e no músculo para expor a cavidade peritoneal. As células cancerosas são então injectadas na cavidade com uma pequena agulha e uma seringa. A incisão é então fechada e o ratinho é deixado a recuperar.

Após o transplante, os ratinhos são monitorizados quanto ao crescimento do tumor. Este crescimento pode ser avaliado através de palpação, imagiologia ou outros métodos. Os tumores também podem ser colhidos para exames adicionais, como a análise da expressão de proteínas e genes, exames histológicos ou testes de medicamentos.

Existem várias limitações a esta técnica, incluindo a ausência de um sistema imunitário no hospedeiro, o ambiente de crescimento artificial e preocupações éticas. Também é importante notar que devem ser seguidas directrizes e regulamentos rigorosos estabelecidos por organizações de bem-estar animal e agências governamentais para garantir o tratamento humano dos ratinhos e evitar a propagação de doenças.

**Estoque**

Espírito rectificado

Solução salina normal 0,85% de NaCl em água destilada

**Procedimento**

O procedimento para medir o crescimento das células da ascite num rato envolve:

1. Segure firmemente a cauda do rato com o polegar, o primeiro e o segundo dedos e o dedo médio da mão esquerda. Isto assegurará que o rato é segurado com segurança durante o procedimento.
2. Em seguida, utilizar um cotonete embebido em álcool rectificado para limpar a superfície do abdómen do rato. Isto ajudará a limpar a área e a reduzir o risco de contaminação.
3. Colocar cuidadosamente a agulha da seringa na cavidade peritoneal do rato. É importante ter cuidado durante este passo para evitar danos nos órgãos internos, que podem resultar em hemorragia.
4. Transferir cerca de 0,5 cc de líquido de ascite para um tubo esterilizado. Este será utilizado para análises posteriores.
5. Devem ser adicionadas partes iguais de solução salina normal ao líquido da ascite no tubo esterilizado. Combinar bem os ingredientes para criar um líquido diluído contendo líquido de ascite.
6. Segure um rato novo na sua mão e limpe a barriga do rato como antes.
7. Utilizar uma agulha esterilizada para injetar 0,2 ml de líquido diluído contendo líquido de ascite (aproximadamente 2,6 X 105

células) na cavidade peritoneal do rato. A zona perfurada (lesada) do abdómen deve ser limpa.

8.  Pegue no peso do rato e volte a colocá-lo na gaiola.

9.  Finalmente, pesar novamente o rato uma ou duas semanas mais tarde e calcular o crescimento das células da ascite em termos de "aumento de peso". Isto dará uma indicação de quanto as células da ascite cresceram no corpo do rato.

# Estudo citológico das células da ascite

A investigação citológica das células da ascite do ratinho envolve o exame de células que se acumularam na cavidade peritoneal de um ratinho em consequência de um tumor. As células são normalmente obtidas injectando no ratinho uma pequena quantidade de solução salina estéril, que é depois retirada da cavidade peritoneal com uma agulha e uma seringa.

As células recolhidas podem então ser examinadas ao microscópio para determinar o seu tamanho, forma e outras características morfológicas. Além disso, as células podem ser coradas utilizando várias técnicas, como a coloração de Wright-Giemsa ou a coloração de Papanicolaou, para ajudar a identificar estruturas celulares específicas e para diferenciar entre diferentes tipos de células.

O exame citológico também pode ser utilizado para detetar a presença de células anormais, como as células cancerosas, e para avaliar o grau de malignidade ou agressividade do tumor. Além disso, o exame das células também pode ser utilizado para determinar o tipo de tumor, por exemplo, se se trata de um quisto sólido ou cheio de líquido.

O exame citológico das células da ascite do rato também pode ser utilizado para avaliar a eficácia dos tratamentos contra o cancro. Por exemplo, se o número de células anormais diminuir após o tratamento, isso pode indicar que o tratamento está a funcionar.

**Estoque**

1. Éter
2. Colchicina 0,05% em solução salina normal
3. Solução hipotónica Solução salina normal 1 parte
   Água destilada 3 partes

**Procedimento**

1. Selecionar um rato que tenha sido transplantado durante 5 a 6 dias.

2. Agarrar firmemente o rato pelo pescoço com o polegar, o primeiro e o segundo dedos e o dedo mindinho na cauda.

3. Humedecer um cotonete com álcool rectificado e limpar a superfície do abdómen do rato.

4. Injetar no rato 0,2 ml de uma diluição a 0,05% da solução de colchicina.

5. Após duas horas, administrar éter ao rato e drenar o líquido ascítico.

6. Combinar o líquido ascítico e a solução salina hipotónica numa proporção de 1:4 e incubar a 37 °C durante 45 minutos para evitar a sedimentação das células.

7. Centrifugar as células a 800-900 rpm durante cerca de 10 minutos e remover o sobrenadante com uma pipeta de Pasteur.

8. Adicionar álcool acético refrigerado 1:3 gota a gota, apertando ligeiramente, e deixar a mistura repousar durante uma hora a 4 °C.

9. Repetir o processo três vezes, centrifugando as células a 2000 rpm durante 5 minutos e adicionando novo fixador de cada vez.

10. Colocar as células numa lâmina sem gordura que tenha sido mergulhada em álcool a 80% e soprar numa direção para secar.

11. Corar as células com solução de Giemsa a 5% em tampão fosfato a pH 7 durante cerca de 15 minutos.

12. Lavar as lâminas com água destilada e deixar secar durante a noite.

13. Se desejado, montar as lâminas preparadas.

# Célula tumoral

Existem várias formas de estudar as células tumorais, incluindo:

1. Microscopia: As células tumorais podem ser examinadas ao microscópio para identificar o seu tamanho, forma e características estruturais.

2. Análise bioquímica: As células tumorais podem ser analisadas em busca de biomarcadores específicos, como proteínas ou mutações genéticas, para determinar o tipo de tumor e a sua agressividade.

3. Cultura de células: As células tumorais podem ser cultivadas numa placa de laboratório e estudadas ao longo do tempo para observar o seu crescimento e comportamento.

4. Modelos animais: As células tumorais podem ser implantadas em animais para estudar a progressão da doença e testar potenciais tratamentos.

5. Imagiologia in vivo: As células tumorais podem ser visualizadas em organismos vivos utilizando técnicas como a ressonância magnética ou a PET.

6. Sequenciação genómica: As células tumorais podem ser sequenciadas para identificar mutações genéticas que possam estar a conduzir o desenvolvimento e a progressão do tumor.

O estudo das células tumorais é um processo complexo que requer uma abordagem multidisciplinar e a colaboração de vários especialistas, incluindo patologistas, geneticistas, oncologistas e outros.

**Estoque**

1.  Glicose hipotónica

    Glucose 0,60% 1 parte

    NaCl 0,70% 1 parte

    Citrato de sódio 0,44% 1 parte

2.  Orceína acética

    Orceína 2 %

    Ácido acético 65 %

**Procedimento**

1.  Para iniciar o procedimento, o tecido neoplásico do tumor é dividido em pequenos fragmentos.
2.  Estes fragmentos são então colocados num tubo de centrifugação e deixados em repouso durante um período de três a cinco minutos.
3.  As células são então centrifugadas e o sobrenadante é removido. A mistura restante é incubada durante 20 a 30 minutos a 37°C.
4.  A suspensão é então invertida e as células são recolhidas e fixadas em ácido acético a 50%, arrefecido a 4°C.
5.  Após 1 a 2 dias, as células são coradas com coloração de acético-orceína.
6.  Finalmente, depois de repousar durante 5 a 10 minutos à temperatura ambiente, pressiona-se suavemente uma borracha contra a lamela para esmagar as células.
7.  A preparação de células coradas resultante é então examinada sob um

    microscópio para identificar quaisquer células ou estruturas anómalas.

8.  O número e o tipo de células anormais são registados, e a
    O diagnóstico é efectuado com base nestas observações.

9.  As amostras de tecido e a preparação podem também ser
submetidas a
    testes adicionais para confirmar o diagnóstico e determinar a
    melhor forma de tratamento.

10. Os resultados do procedimento são utilizados para informar a
    gestão clínica do doente.

# Citometria

A morfometria é uma forma de estudar e compreender a estrutura das células. Envolve a quantificação do tamanho, forma e características das células e pode ser realizada através de várias técnicas, como a microscopia de luz, a microscopia eletrónica e a microscopia de fluorescência. Esta técnica é normalmente utilizada em vários domínios, como a investigação do cancro, a biologia do desenvolvimento e a neurociência, e pode ajudar a identificar alterações que podem ser indicativas de doenças ou de outros processos biológicos.

Uma aplicação específica da morfometria é a análise morfométrica cromossómica, que envolve a análise dos cromossomas e da sua estrutura. As fotomicrografias de placas metafásicas podem ser ampliadas e analisadas para calcular parâmetros como o Índice Centromérico (IC), a Razão de Braços (r) ou o Comprimento Relativo Percentual (%RL):

$$\text{Percentage Relative Length \%RL} = \frac{\text{Length of macro chromosome}}{\text{Total Haploid Macro chromosomal Length}} \times 100$$

$$\text{Arm Ratio R} = \frac{\text{Length of long arm of the chromosome}}{\text{Length of short arm of the chromosome}}$$

$$\text{Centromeric Index CI} = \frac{\text{Length of the short arm}}{\text{Total length of that chromosome}} \times 100$$

De acordo com os critérios de De Boer (1976), os cromossomas podem ser classificados como grandes (TCL superior a 7,5%), médios (TCL entre 2,5 e 7,5%) e pequenos (TCL inferior a 2,5%). O genoma completo, que é o que todos os microcromossomas compõem coletivamente, também pode ser medido. Estes parâmetros podem depois ser utilizados para criar idiogramas e cariótipos.

| Group | Centromeric position | Arm Ratio | Centromeric Index | Nomenclature | Sign |
|---|---|---|---|---|---|
| I | Median point | 1.0 | 47.5 - 50.0 | Metacentric | M |
| II | Median region | 1.0 - 1.7 | 37.5 - 47.5 | Metacentric | m |
| III | Sub median region | 1.7 - 3.0 | 25.0 - 37.5 | Submetacentric | Sm |
| IV | Sub terminal region | 3.0 - 7.0 | 12.5 - 25.0 | Subtelocentric | St |
| V | Terminal region | ≥7.0 | 02.5 - 12.5 | Acrocentric | t |
| VI | Terminal point | | 00.0 - 02.5 | Telocentric | T |

Desenvolver idiogramas:

1.  Ordenar os macrocromossomas com base na localização do centrómero.

2.  Agrupe os macrocromossomas em pares comparáveis e organize-os por ordem decrescente de comprimento.

3.  Organizar os microcromossomas de forma independente e em tamanho decrescente.

4.  Calcular o comprimento cromossómico total (TCL) para o sexo heterogâmico (ZW) subtraindo o W e adicionando outro Z, dividindo depois o TCL por 2.

Ao tirar fotomicrografias:

1.  Utilizar uma objetiva de imersão em óleo e definir a ampliação inicial para 1500X.

2.  Utilizar uma máquina fotográfica avançada Optiphot Zeiss com capacidade de fluorescência por fotofone, ou uma película de impressão técnica Kodak Tri-X-pan, se não estiver disponível.

3.  Utilizar uma lâmpada de tungsténio (12V-55W) como fonte de luz.

**Nota**

Podem ocorrer erros de medição em animais com contagens elevadas de diplóides, devido à dificuldade de identificação precisa dos elementos microcromossómicos, à instabilidade da suspensão celular e a pequenas manchas de corante ou de pó colorido que podem ser confundidas com microcromossomas.

Para elaborar um cariótipo

1.	Preparar uma amostra de células humanas que estejam em metafase.

2.	Tirar fotografias ampliadas dos cromossomas da amostra.

3.	Identificar e fazer corresponder os pares homólogos de cromossomas.

4.	Organizar os cromossomas por ordem decrescente de comprimento para criar o cariótipo.

5.	Agrupe os cromossomas em sete categorias (A a G) com base no seu comprimento e na posição do centrómero.

6.	Utilizar a tabela de agrupamento de cromossomas para determinar as categorias de cada cromossoma (A: 1-3, B: 4 e 5, C: 6-12 e X, D: 13-15, E: 1618, F: 19 e 20, G: 21, 22 e Y).

7.	Determinar o sexo do indivíduo, identificando a presença ou ausência dos cromossomas X e Y.

Verificar se existem desvios em relação à contagem típica 2n de 46 cromossomas. Interpretar estes desvios dos autossomas 2n e dos cromossomas sexuais, uma vez que podem indicar a presença de uma síndrome genética como a de Down ou a de Klinefelter.

# Bandagem de cromossomas

A bandagem cromossómica é uma técnica utilizada para examinar a estrutura dos cromossomas em células eucarióticas. Durante a divisão celular, os cromossomas condensam-se e enrolam-se, formando um padrão distinto de riscas claras e escuras alternadas. Estas riscas, também conhecidas como bandas, são criadas por diferenças no nível de condensação do ADN em diferentes regiões do cromossoma. O padrão de bandas pode revelar anomalias cromossómicas, como quebras, deleções, duplicações ou inversões.

Em algumas espécies, como a Drosophila, os cromossomas podem tornar-se altamente replicados, resultando em cromossomas politénicos com até 5.000 bandas claras e escuras alternadas. As bandas claras representam ADN menos condensado, onde se podem encontrar genes activos, enquanto as bandas escuras representam domínios mais condensados. Diferentes tipos de padrões de bandas, tais como bandas Q, bandas R, bandas C e bandas T, são produzidos por vários tratamentos cromossómicos. Nos últimos anos, foram desenvolvidas técnicas moleculares avançadas, como a hibridação in situ por fluorescência, para criar padrões de bandas cromossómicas ainda mais detalhados.

# Heterocromatina constitutiva

A demonstração da presença de heterocromatina constitutiva, que é um tipo de cromatina fortemente compactada e altamente condensada, pode ser feita utilizando uma variedade de técnicas, incluindo:

1. Coloração com DAPI: Este é um método comummente utilizado para visualizar a heterocromatina. O DAPI (4', 6-diamidino-2-phenylindole) é um corante fluorescente que se liga ao ADN da heterocromatina, resultando numa fluorescência azul brilhante quando visto ao microscópio.
2. Coloração com Hoechst: Este é outro método comummente utilizado para visualizar a heterocromatina. O Hoechst 33342 é um corante fluorescente que se liga ao ADN na heterocromatina, resultando numa fluorescência azul brilhante quando visto ao microscópio.
3. FISH (hibridação in situ por fluorescência): Esta técnica permite visualizar regiões específicas do genoma, por exemplo, centrómeros e telómeros que se sabe serem heterocromáticos, utilizando sondas fluorescentes que se ligam a sequências específicas nessas regiões.
4. Imunoprecipitação da cromatina (ChIP): Esta técnica é utilizada para identificar proteínas específicas que estão associadas à heterocromatina, tais como modificações de histonas ou proteínas específicas de ligação a histonas.
5. Microscopia eletrónica: Esta técnica permite visualizar a ultra-estrutura das fibras de cromatina, que podem ser muito compactas e densas no caso da heterocromatina.

O protocolo exato para cada uma destas técnicas varia consoante o método específico e o tipo de amostra a analisar. É importante utilizar controlos adequados, tais como amostras normais e controlos positivos e negativos apropriados, para garantir a especificidade dos resultados.

**Princípio**

A bandagem-C é um método de coloração utilizado em genética para estudar os cromossomas. Utiliza uma solução com a enzima tripsina para quebrar as proteínas nas partes activas do cromossoma (eucromatina) e tornar mais visíveis as áreas menos activas (heterocromatina). Isto permite aos cientistas ver diferenças estruturais dentro de uma espécie, como inversões e deleções, e comparar cromossomas de espécies diferentes. O bandeamento C funciona melhor em regiões específicas dos cromossomas 1, 9, 16 e do cromossoma Y. Estas áreas têm heterocromatina natural. Estas áreas têm heterocromatina natural que é fácil de detetar com o processo de coloração.

**Estoque**

1. Ácido clorídrico 0,2N

   HCl (12N) 16,66 ml

   Água 983,34 ml

2. Hidróxido de bário 5%

3. 2 X SSC (Citrato de Sódio Salino)

   NaCl 8,77 gm

   Citrato de sódio 4,41 gm

   Água destilada 500 ml

4. Hidróxido de sódio

5. Giemsa (merk)

Giemsa em pó 0,78 gm

Glicerina 50 ml

Metanol 50 ml

6.    Tampão de Sorenson (4%)

Na2HPO4 0,580 gm

NaH2PO4 0,358 gm

7.    Água destilada 1 litro

8.    Álcool - 70%, 100%

**Procedimento**

Para a colheita da cultura, são efectuados os seguintes passos:

1.    Inibir os fusos utilizando 0,1 µg/ml de colchicina ou colcemed.

2.    Tratar as células com uma solução hipotónica de KCl 0,075M.

3.    Fixar as células utilizando uma solução 3:1 de metanol: ácido acético.

4.    Preparar as lâminas e corar com Giemsa a 4% durante 20-25 minutos.

5.    Estudar a morfologia dos cromossomas e construir o cariótipo.

Para efetuar o bandeamento C, as lâminas são tratadas da seguinte forma:

1.    Obter lâminas com placas de metáfase bem espalhadas, com 4-6 dias de idade.

2.    Limpar as lâminas lavando-as com água nanopura depois de as expor a HCl 0,2 N durante 1 hora à temperatura ambiente.

3.    Mergulhar as lâminas num frasco de couplin contendo uma

solução aquosa de Ba (OH)2 a 5% recentemente preparada durante 1,5-2 minutos a 41°C.

4.  Enxaguar as lâminas para remover qualquer espuma e depois submergir em HCl 0,05N durante 15-30 segundos, agitando as lâminas manualmente. Repetir o processo de enxaguamento mais duas vezes em água nanopura.

5.  Reassociar as preparações em 2 X SSC durante 1 hora a 60°C, ajustando o pH para 7,0 através da adição de 5-6 gotas de HCl/NaOH 1N.

Processo de coloração:

1.  Lavar as lâminas duas vezes em água nanopura.

2.  Corar as lâminas com corante Giemsa a 4% durante 20-30 minutos.

Instruções para Carbol Fuschin Stain:

1.  Rehidratar as lâminas com álcool a 100% ou 70% e, em seguida, com água nanopura.

2.  Coloque as lâminas num frasco cheio de manchas e deixe-as repousar durante 20-30 minutos.

3.  Desidratar as lâminas utilizando álcool a 70% ou 100%, gastando 30-40 segundos em cada passo.

4.  Se a coloração for suficiente, as lâminas podem ser tornadas permanentes.

**Método alternativo** (Yunis e Yaskinch)

1.  Incubar as preparações de metáfase secas ao ar em tampão fosfato 0,06 M com um pH de 6,8 durante 10 minutos a 100°C.

2.  Colocar as lâminas no mesmo tampão a 0°C durante um breve período de tempo para parar a reação.

3.  Incubar as lâminas no tampão a 65°C durante 30 minutos.

4.  Corar as lâminas com Giemsa durante 20 minutos.

**Nota**

Apenas algumas bandas perto do cinetocoro, constituídas por heterocromatina constitutiva e alternando com bandas G, serão coradas por este método.

# Bandas C

## Em células de fibroblastos

A bandagem C é uma técnica laboratorial que ajuda a identificar a localização de certos tipos de ADN nas células. Este ADN é conhecido como heterocromatina constitutiva, está fortemente compactado e não desempenha qualquer papel na expressão genética. A técnica é utilizada tanto em linfócitos como em células de fibroblastos para localizar regiões específicas dos cromossomas, chamadas centrómeros, que são cruciais para a divisão celular. O processo envolve o tratamento das células com uma solução corante de tripsina e Giemsa, que faz com que a heterocromatina apareça como bandas escuras ao microscópio.

Em células de fibroblastos, o bandeamento C pode ser utilizado para identificar regiões específicas de cromossomas que estão associadas a doenças particulares, como a síndrome de Down e a síndrome de Turner. Nos linfócitos, o bandeamento C é utilizado para estudar a organização dos cromossomas e para identificar anomalias estruturais que podem estar associadas a determinados tipos de cancro ou doenças hereditárias.

Para além da bandagem C, são também utilizados outros métodos, como a bandagem G, a bandagem R, a bandagem Q e a bandagem A, dependendo da questão de investigação, do organismo em estudo e das técnicas disponíveis.

### Estoque

1.    Ácido acético 50 %

2. Álcool 70/90/95/100%

3. Gelatina 0,1 %

4. Alúmen de crómio 0,01

5. HCl

6. NaOH

7. RNase pancreática 100 mg

8. 2 X SSC 1 ml

   (A RNase disponível no mercado deve ser aquecida num banho de água a ferver durante 5-10 minutos).

**Procedimento** para fixação de linfócitos ou células de fibroblastos

1. Extrair as células através de tratamentos de colcemização e solução hipotónica. Fixar as células em ácido acético a 50%.
2. Revestir as lâminas com uma solução de 0,1% de gelatina e 0,01% de alúmen de crómio, deixar secar ao ar.
3. Aplicar as células fixadas nas lâminas revestidas.
4. Lavar duas vezes as preparações embebidas em álcool a 90%, secar ao ar durante 30 minutos e colocar em HCl 0,2 N.
5. Lavar as lâminas várias vezes em água destilada e secar ao ar.
6. Tratar as preparações com RNase pancreática a 37°C durante 60 minutos numa câmara húmida.
7. Lavar as lâminas com 2 X SSC, etanol a 70% e etanol a 95% antes de secar ao ar.
8. Lavar as lâminas três a quatro vezes com etanol a 70% e 95%, após uma imersão de 2 minutos em NaOH 0,07 N.
9. Incubar as lâminas durante a noite em 2 X SSC a 65°C, depois enxaguar uma vez com etanol a 70% e 95%.
10. Corar as preparações com Giemsa durante 15 a 30 minutos.

Lavar as lâminas com água destilada e montar.

# Banda G

O bandeamento G (bandeamento Giemsa) é uma técnica utilizada para criar um padrão visível de bandas claras e escuras nos cromossomas, que pode ajudar na sua identificação e análise. O processo envolve a coloração dos cromossomas com uma solução de corante Giemsa, que se liga preferencialmente às regiões dos cromossomas que são ricas nas sequências de pares de bases AT. O padrão resultante de bandas claras e escuras é causado pelos diferentes níveis de riqueza em AT ao longo do comprimento dos cromossomas.

A técnica é normalmente utilizada na cariotipagem, que envolve a disposição dos cromossomas por ordem de tamanho e forma para criar uma representação visual do conjunto cromossómico. O padrão da banda G é único para cada espécie e pode ajudar a identificar doenças genéticas como a síndrome de Down. A técnica pode ser aplicada a cromossomas não só de seres humanos, mas também de outros organismos.

**Estoque**

1.  Solução de tripsina (0,25%)
    Tripsina em pó (Difco) 0,3625 gm 1 parte
    Solução salina (GKN) 250 partes
    Glucose 0,0054 M
    KCl 0,0054 M
    NaCl 0,14 M
    Na2CO3 0,042 M
2.  Solução salina 0,9 %
3.  Coloração de Giemsa
4.  Tampão de Sorenson (4%)
    Na2HPO4 0,580 gm

NaH2PO4 0,358 gm

Água destilada 1 litro

5. Bicarbonato de sódio
6. DPX

**Procedimento**

1. Obter placas de metáfase com 6 a 8 dias de idade e inundá-las com solução de tripsina a 0,25%.
2. Testar primeiro uma lâmina para determinar o tempo necessário para a coloração.
3. Lavar completamente as lâminas preparadas em água bidestilada sem ajuste do pH.
4. Corar a lâmina durante 10-15 minutos a pH 6,8 em Giemsa tamponado a 4% (merk) e examinar ao microscópio ótico.
5. Ajustar o contraste da coloração, se necessário, lavando com soro fisiológico ou solução tampão de PO4 a 4% (solução tampão = Na2HPO4 0,58 gm + NaH2PO4 0,358 gm em 1 litro de água destilada, à temperatura ambiente; pH ajustado a 7,2 com 5-6 gotas de NaHCO3 a 10%).
6. Secar a preparação ao ar e inspecionar a qualidade das bandas utilizando uma ótica de campo claro.
7. Montar a lâmina preparada em DPX se a qualidade das bandas for satisfatória.

# Cintagem inversa

O bandamento inverso é uma técnica utilizada para estudar a estrutura e a organização dos cromossomas. A técnica envolve a coloração dos cromossomas com Giemsa, que se liga às regiões negativas dos cromossomas, conhecidas como regiões eucromáticas. Isto resulta no aparecimento de bandas escuras nas regiões positivas dos cromossomas, conhecidas como regiões heterocromáticas.

O processo de bandamento inverso envolve o tratamento dos cromossomas com uma solução ácida suave, que faz com que a cromatina se condense e forme bandas visíveis. Os cromossomas são então corados com Giemsa, que se liga às regiões negativas dos cromossomas e faz com que as bandas escuras apareçam nas regiões positivas.

Os cromossomas com bandas invertidas resultantes podem então ser analisados e comparados com cromossomas normais (com bandas positivas) para identificar alterações estruturais ou anomalias. Esta técnica é particularmente útil no estudo de cromossomas que apresentam um elevado grau de variação estrutural, como os cromossomas acrocêntricos encontrados nos seres humanos.

O bandamento inverso permite também a identificação de regiões cromossómicas específicas, como os centrómeros e os telómeros, que são fundamentais para a segregação adequada dos cromossomas durante a divisão celular. Além disso, é também utilizada na caraterização de aberrações cromossómicas e no estudo da evolução cromossómica em diferentes espécies.

### Princípio

O R-banding é um método utilizado para examinar as regiões teloméricas dos cromossomas. A técnica envolve a coloração dos cromossomas com uma solução contendo RNase, que digere o ARN e torna o ADN visível como bandas escuras. Isto permite a deteção de variações estruturais como a fusão de telómeros, que pode causar anomalias cromossómicas. O processo envolve a incubação de lâminas com cromossomas metafásicos em solução de fosfato quente e a sua coloração com Giemsa. O padrão de bandeamento resultante é o inverso do bandeamento G e é dominado por GC. As regiões ricas em AT são desnaturadas pelo calor, enquanto as regiões ricas em GC permanecem intactas, produzindo o padrão de bandeamento cromossómico inverso. O bandeamento R também pode ser efectuado com corantes fluorescentes específicos para GC. Uma vez que as extremidades cromossómicas se coram normalmente de forma clara com o bandeamento G, o bandeamento R é útil para investigar a sua estrutura em maior pormenor.

**Estoque**

1. $Ba(OH)_2$
2. 2 X SSC
3. Manchas todas
4. Fucsina de base
5. NaOH
6. Formamida
7. Água

**Procedimento**

1. Obter uma cultura de linfócitos periféricos e preparar a disseminação cromossómica a partir da cultura.
2. Mergulhar as lâminas numa solução de $Ba(OH)_2$ (saturada, pH 13,2) durante 5-10 minutos.
3. Corar as lâminas com uma solução a 0,005% de Stains All numa mistura de formaldeído 1:1 e incubar em 2 X SSC a 60°C durante 10-30 minutos.

4. Lavar as lâminas com 2 X SSC durante 3-5 minutos para remover o excesso de corante.

5. Colocar as lâminas numa solução de NaOH 0,1 M durante 10-15 minutos para remover as manchas residuais.

6. Transferir as lâminas para uma solução tampão neutra de Tris-HCl 0,1 M e secar sob uma lâmpada ou numa câmara quente.

**Observação**

1. Observar as lâminas secas ao microscópio para ver os padrões de bandas C-T nos cromossomas.

2. Documentar e analisar as observações para identificar eventuais anomalias ou variações cromossómicas.

**Notas**

Para preservar a qualidade dos cromossomas numa amostra, é imperativo seguir procedimentos adequados de coloração e lavagem. Isto ajuda a prevenir a contaminação e os danos nos cromossomas. Se os corantes normalmente utilizados não estiverem disponíveis, podem ser utilizados métodos alternativos, como a lavagem das lâminas em água desionizada após incubação com 2 X SSC e coloração com uma solução de fucsina básica. Os resultados obtidos com a fucsina básica são semelhantes aos obtidos com outras colorações.

O bandamento C-T é uma técnica utilizada para identificar todos os cromossomas de uma amostra através da coloração das bandas no sistema inverso e das regiões ricas em heterocromatina constitutiva. Este processo em várias etapas envolve a preparação das bandas cromossómicas, a imersão das lâminas numa solução alcalina e, em seguida, a sua coloração com uma solução específica. O bandamento C-T é útil em vários estudos genéticos e citogenéticos e pode ter algumas variações se não estiverem disponíveis soluções específicas.

**Método alternativo**

1. Envelhecer as lâminas durante 7-10 dias.
2. Preparar um Coplinjar com tampão fosfato de pH 6,5 a 85°C.
3. Incubar as lâminas no Coplinjar durante 20-25 minutos.
4. Corar as lâminas com laranja de acridina a 0,01% em tampão fosfato pH 6,5 durante 4-6 minutos.
5. Lavar as lâminas em tampão fosfato.
6. Montar as lâminas em tampão fosfato.
7. Examinar as lâminas num microscópio fluorescente.

# Banda Q

O Q-banding é um método utilizado em genética para estudar os cromossomas e as suas estruturas. É semelhante ao bandeamento C, mas utiliza uma solução de coloração diferente, especificamente mostarda quinacrina, para produzir padrões de fluorescência únicos ao microscópio. Esta técnica é especialmente útil para examinar os telómeros, as regiões protectoras das extremidades dos cromossomas, e para identificar alterações estruturais como as translocações.

O Q-banding é eficaz devido à utilização de mostarda de quinacrina, um agente alquilante que foi o primeiro produto químico a produzir bandas visíveis nos cromossomas. As bandas resultantes alternam entre fluorescência brilhante e fraca, sendo as bandas brilhantes constituídas por ADN rico em adenina e timina, enquanto as bandas fracas contêm ADN rico em guanina e citosina.

Este método é particularmente útil na identificação do cromossoma Y humano e na deteção de certas variações cromossómicas, como as que envolvem os satélites e os centrómeros de certos cromossomas.

**Procedimento**

1.   Preparar lâminas com as regiões teloméricas dos cromossomas intactas.
2.   Mergulhar as lâminas em álcool durante 1 minuto em cada uma das seguintes concentrações: 90%, 70%, 50%.
3.   Lavar as lâminas com água destilada.
4.   Lavar as lâminas em tampão fosfato (pH 6,8).
5.   Corar as lâminas com mostarda de quinacrina (5 mg em 100 ml) ou dicloreto de quinacrina a 5% durante 20 minutos.
6.   Lavar as lâminas em tampão fosfato.
7.   Montar as lâminas em tampão fosfato.

Observar as lâminas num microscópio fluorescente.

# Banda T

O T-banding é um método que permite a visualização das regiões terminais dos cromossomas. Ao utilizar uma solução de coloração que contém a enzima tungstase, as regiões terminais dos cromossomas são coradas de forma escura, o que permite aos investigadores estudar a sua organização. Esta técnica é também útil na identificação de alterações estruturais, tais como deleções terminais. A bandagem T é frequentemente combinada com outras técnicas, como a bandagem G, que cria um padrão de bandas claras e escuras nos cromossomas para representar o material genético. Outra técnica, o bandeamento reverso, utiliza a desnaturação térmica regulada para corar as porções teloméricas dos cromossomas com Giemsa ou laranja de acridina. Embora as bandas T sejam mais pequenas do que as bandas R e representem apenas as porções teloméricas, continuam a fornecer informações valiosas para a investigação dos cromossomas.

**Procedimento**

1. Deixar as lâminas envelhecer durante 7 dias.
2. Imergir as lâminas em PBS pH 5.0 durante 20-60 minutos a 87°C. Enxaguar com PBS.
3. Corar as lâminas com Giemsa a 3% em tampão fosfato pH 6,8 a 87°C durante 5-30 minutos. Enxaguar com tampão.
4. Efetuar a coloração com Hoechst 33258 nas lâminas durante 10 minutos. Enxaguar com tampão fosfato.
5. Examinar as lâminas num microscópio fluorescente ou seguir os passos alternativos:
6. Aplicar uma lamela de cobertura nas lâminas coradas.
7. Colocar as lâminas numa câmara húmida e expor à luz UV durante 2-3 horas ou à luz solar direta durante 2 horas.
8. Retirar a lamela. Corar as lâminas com corante Giemsa durante 10 minutos.

9.    Lavar com tampão e deixar secar as lâminas. Montar as lâminas em DPX.

# ADN satélite ou altamente repetitivo

O ADN satélite, também conhecido como ADN heterocromático, é um tipo de ADN altamente repetitivo que constitui uma grande parte do genoma de alguns organismos. É composto por sequências curtas, repetidas em tandem, que podem ter várias centenas de pares de bases. Estas sequências repetidas não codificam proteínas e não têm qualquer papel funcional conhecido.

O ADN satélite encontra-se tipicamente nos centrómeros e telómeros dos cromossomas, bem como em regiões conhecidas como heterocromatina, que são regiões do genoma que estão fortemente compactadas e não participam ativamente na expressão genética. O alto nível de repetição no DNA satélite significa que ele é altamente polimórfico, o que significa que pode haver muitas variações diferentes da sequência repetida dentro de uma população.

Em contrapartida, o ADN altamente repetitivo refere-se a quaisquer sequências de ADN que se repetem muitas vezes num genoma e pode incluir ADN satélite, bem como outros tipos de sequências repetidas, como elementos transponíveis, repetições em tandem e repetições de sequências simples. Estes tipos de ADN repetitivo podem constituir uma grande proporção do genoma, em alguns casos até 90%.

Embora o ADN satélite e outras formas de ADN repetitivo não tenham qualquer papel funcional conhecido, pensa-se que desempenham um papel na organização e estrutura dos cromossomas e podem também desempenhar um papel na evolução dos genomas, fornecendo uma fonte de variação genética.

Alguns dos ADN repetitivos, como os elementos transponíveis, podem ter efeitos negativos no genoma do hospedeiro se forem inseridos no meio de um gene, perturbando a função normal desse gene, mas também podem ter efeitos positivos, actuando como uma fonte de variação genética.

**Estoque**

1.  Na2HPO4 (0,06 M) 6,30 gm
2.  Água 500 ml

3.  Ácido cítrico (0,06 M) 1,06 gm
4.  Água 125 ml
5.  Coloração de Giemsa
6.  Tampão fosfato

**Procedimento**

1.  Preparar células de medula óssea utilizando o método de secagem por chama.
2.  Mergulhar as lâminas que contêm as células da medula óssea num tampão fosfato 0,06 M (composto por Na2HPO4 e ácido cítrico, pH 6,8) durante 10 minutos a 80-100°C.
3.  Arrefecer rapidamente as lâminas para evitar danificar as células.
4.  Repetir o passo de incubação do tampão fosfato várias vezes, de cada vez a 65°C durante 20-30 minutos, para fixar corretamente as células.
5.  Corar as células nas lâminas utilizando uma solução de Giemsa para melhor visualização e análise.

# Região do organizador nucleolar

A região organizadora do nucléolo (NOR) é uma região específica do DNA que contém os genes responsáveis pela formação do nucléolo, uma estrutura subnuclear encontrada em células eucarióticas. O nucléolo é responsável pela produção e montagem dos ribossomas, que são a maquinaria de produção de proteínas da célula. A NOR está normalmente localizada num cromossoma ou cromossomas específicos e contém várias cópias dos genes que codificam o RNA ribossómico (rRNA). A NOR também é conhecida como região organizadora nucleolar ou elemento organizador do nucléolo. Está normalmente localizada no braço curto de um cromossoma acrocêntrico.

### Estoque

1. Ácido tricloro-acético (5%)

2. HCl (0,1N)

3. Tampão fosfato

4. Coloração de Giemsa

### Procedimento

1. Incubar as preparações secas ao ar em TCA a 5% a 85-90°C durante 30 minutos para fixar e preservar os cromossomas.

2. Reincubar as lâminas em HCl 0,1 N a 60°C durante 30-45 minutos para desnaturar os cromossomas e torná-los mais visíveis. Lavar as lâminas com água da torneira antes da reincubação.

3.  Lavar bem as lâminas em água corrente antes da coloração com Giemsa tamponado (diluído 1:10 e pH 7,0) para obter resultados consistentes e exactos.

4.  Observação: Em células metafásicas saudáveis, a NOR pode ser vista como manchas vermelho-púrpura nas regiões satélites de todos os cromossomas acrocêntricos.

# Dermatoglifos

A dermatoglifia é o estudo dos padrões e configurações das cristas na pele, particularmente nos dedos e nas mãos. A pele estriada, também conhecida como tegumento volar, encontra-se nas palmas das mãos e nas plantas dos primatas, incluindo os humanos. Em alguns macacos do Novo Mundo, também pode ser encontrada na cauda. Noutros mamíferos, podem encontrar-se manchas de pele estriada nas nádegas. Pensa-se que a função da pele estriada está relacionada com a preensão e a prevenção do deslizamento, especialmente no uso preênsil das mãos, pés e cauda. Em alguns mamíferos, como os que têm calosidades isquiáticas nas nádegas, a pele estriada ajuda a evitar o deslizamento durante a locomoção.

As cristas epidérmicas estão dispostas em padrões e podem ser estudadas a partir das impressões deixadas por estas áreas, que são melhor examinadas a baixa potência. As cristas epidérmicas podem ser classificadas em três tipos principais: arcos, laços e espirais, com base no número de trirradios presentes. Os padrões formados por estas cristas não se alteram com a idade ou o ambiente e podem variar muito em tamanho, forma e estrutura pormenorizada. Por exemplo, os laços são o tipo de padrão mais comum e tendem a ocorrer com mais frequência em determinados dígitos, enquanto as espirais são mais frequentemente encontradas no polegar e no dedo anelar.

Na análise de impressões digitais, um trirradius é um ponto onde três cristas se encontram. Um arco simples é composto por cristas curvas sem trirradius. Um laço tem um trirradius e um verticilo tem dois ou três. Os laços podem ser ulnares ou radiais, dependendo da direção em que se encontram. Os verticilos são de três tipos: simétricos, dispostos em espiral e de laço duplo. Os laços são o tipo de padrão mais comum e certos padrões tendem a ocorrer mais frequentemente em dígitos específicos. As espirais são mais comuns no polegar e no dedo anelar, enquanto os laços radiais e os arcos são mais comuns no dedo indicador. O dedo mindinho tem a maior frequência de anéis ulnares e a menor frequência de outros padrões.

A dermatoglifia tem desempenhado tradicionalmente um pequeno papel no domínio da genética humana, mas descobertas recentes revelaram a sua potencial utilidade em vários ramos do campo. Por exemplo, na investigação sobre gémeos, os métodos precisos de diagnóstico aumentaram o valor das impressões digitais, uma vez que podem fornecer provas de perturbações do crescimento na vida fetal e da presença de cromossomas anormais.

É também útil no diagnóstico da síndrome de Down e de outras condições patológicas. Pode ajudar os citogeneticistas a identificar cromossomas anormais, comparando as configurações das cristas de um doente com anomalias cromossómicas conhecidas. Tem havido um progresso significativo na compreensão da relação entre anomalias cromossómicas e distorções nos desenhos das cristas dérmicas, mas é necessária mais investigação para obter uma melhor compreensão do desenvolvimento ontogenético dos padrões dérmicos, particularmente em relação ao crescimento anormal.

**Procedimento**

1. Preparar a placa: Espalhar 0,5 cm de tinta de impressão sobre um retângulo de vidro, utilizando uma espátula de borracha. Certifique-se de que a tinta é espalhada de forma fina e uniforme.
2. Recolher dados: Determinar os padrões das cristas dérmicas.

<pre>
 5   4   3   2   1     1   2   3   4   5
 --  --  --  --  --    --  --  --  --  --
         Left                 Right
</pre>

1. Registar os resultados: Contribuam com os vossos resultados

para o registo da turma no quadro.

2.   Analisar os dados: Comparar os totais da turma com as frequências anotadas para ver se coincidem.

**Nota**

1.   Rever o conceito de relações familiares e a sua semelhança genotípica, tal como categorizadas por Penrose em 1949.
2.   As relações familiares podem ser divididas em quatro categorias com base no número de passos genéticos de distância de um caso índice: 0, 1, 2, e 3 ou mais passos de distância.
3.   Os gémeos monozigóticos estão a zero passos genéticos de distância, o que significa que a semelhança genotípica do par é completa.
4.   Numa etapa genética, a semelhança genética é, em média, de 50%. Esta categoria inclui pais, descendentes, irmãos e gémeos dizigóticos.
5.   Em dois passos genéticos, a semelhança genotípica média é de 25%. Esta categoria inclui avós, tias e tios, meios-irmãos, sobrinhos, sobrinhas e netos.
6.   Em três etapas genéticas, a semelhança genotípica média é de 12,5% ou 1/8. Esta categoria inclui primos em primeiro grau e seus equivalentes.
7.   Desenhe um pedigree familiar e coloque a percentagem ou fração adequada acima de cada indivíduo para validar a estimativa das correlações familiares.

Utilizar as fórmulas de correlação apresentadas no texto para validar os resultados.

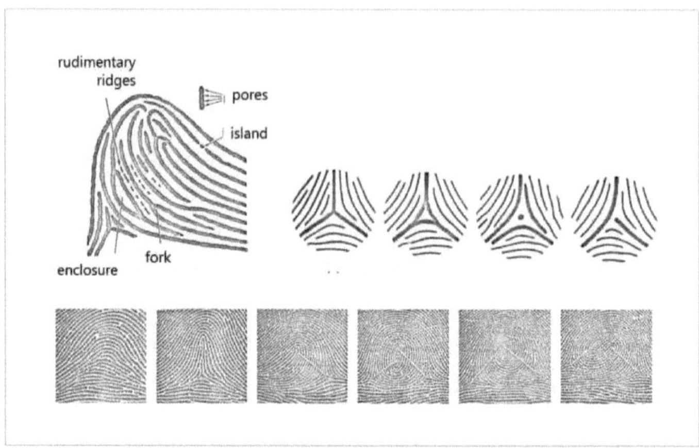


Diferentes tipos de padrões de cristas dérmicas

# Produção de pectinase

(Por Fermentação em Estado Sólido - SSF)

As plantas e os animais criam uma gama diversificada de enzimas e os fungos, especificamente, são frequentemente utilizados para a produção de enzimas industriais porque podem ser facilmente manipulados. A produção comercial de enzimas fúngicas, como as enzimas amilolíticas, celulolíticas e proteolíticas, ocorre em vários países e é vendida sob várias marcas.

**Estoque**

1.    Sêmea de trigo

2.    Ácido clorídrico

3.    Sulfato de zinco (ZnSO4. 7H2O)

4.    Sulfato de cobre (CuSO4. 5H2O)

5.    Tween-80

Artigos de vidro

1.    Frasco cónico - 500 ml

2.    Agulha de inoculação

3.    Pipetas graduadas estéreis - 2 a 5 ml

**Procedimento**

Para estudar a atividade da pectinase em A. carbonarius (CFTRI 1047), proceder do seguinte modo

Passo 1: Manter a cultura:

1. Preparar lâminas de PDA fervendo 200 g de batatas descascadas, adicionando 20 g de ágar-ágar e 20 g de dextrose.

2. Verter a mistura em tubos de ensaio e esterilizar em autoclave a 15 psi durante 20 minutos.

3. Armazenar os tubos num frigorífico a 4Oc e inocular com a cultura principal (25-30oC) durante 4-5 dias antes da utilização.

Etapa 2: Preparar a suspensão de esporos:

1. Adicionar uma gota de Tween-80 a 8-10 ml de água esterilizada.

2. Adicionar a solução a uma cultura em placas de A. niger totalmente esporulada e raspar os fragmentos com uma agulha de inoculação.

3. Transferir 2-3 ml da suspensão de esporos para cada frasco contendo meio estéril de farelo de trigo.

Composição da solução mineral

ZnSO4. 7H2O 0,007 gm
FeSO4. 7H2O 0,007 gm
CuSO4. 5H2O 0,007 gm
HCl (0,2 N) 100 ml

Etapa 3: Preparar o meio:

1. Misturar o farelo de trigo com a solução mineral e esterilizar em frascos cónicos.

2. Inocular os frascos com a suspensão de esporos e manter à temperatura ambiente durante 5-7 dias.

Passo 4: Preparar uma solução de pectina a 1%:

1.  Dissolver 10 g de pectina em tampão citrato (pH 4,0) e completar o volume até 1 litro.
2.  Conservar a solução no frigorífico.

Etapa 5: Reduzir a viscosidade da solução de pectina a 1%:

1.  Num Erlenmeyer, adicionar 24 ml de solução de pectina a 1% com 1 ml de uma solução enzimática diluída.
2.  Manter o balão num banho de água a 40oC durante 30 minutos.
3.  Medir a redução da viscosidade com um viscosímetro Oswald n.º 2.

% de redução da viscosidade da solução de pectina a 1%

$$= \frac{T_1 - T_2 \times 100}{T_1}$$

em que, $T_1$ = tempo necessário para o ensaio em branco

$T_2$ = tempo necessário para a amostra

(a redução de cinquenta por cento da viscosidade nas condições acima referidas é definida como uma unidade).

## Observação

- Observar a natureza, a cor e o tipo de crescimento.
- Registar a atividade de pectinase da solução enzimática utilizando outro farelo diluído em água na proporção de 1:10.

## Nota

Este estudo deve ser efectuado em condições assépticas rigorosas. Subcultura da cultura principal a cada 3-4 meses.

# Biópsia dos testículos

(Em seres humanos)

A biopsia dos testículos é um procedimento médico utilizado para examinar uma pequena amostra de tecido dos testículos. Os testículos são um par de órgãos reprodutores masculinos localizados no escroto. Produzem espermatozóides e a hormona sexual masculina testosterona. A biopsia dos testículos pode ser efectuada para diagnosticar ou excluir determinadas doenças, como o cancro dos testículos, infertilidade ou infeção. Existem várias razões para a realização de uma biopsia dos testículos. A razão mais comum é o diagnóstico de cancro do testículo. Outras razões incluem:

1. Infertilidade: Se um homem tiver uma baixa contagem de espermatozóides ou uma má qualidade do esperma, pode ser efectuada uma biopsia dos testículos para determinar a causa.
2. Dor ou inchaço nos testículos: Se um homem tiver dor ou inchaço nos testículos, pode ser efectuada uma biopsia para excluir infecções ou outras doenças.
3. Suspeita de malignidade testicular: Se for encontrado um nódulo testicular ou outra anomalia durante um exame físico, pode ser efectuada uma biopsia para determinar se é canceroso.

**Procedimento**

A biopsia dos testículos é normalmente efectuada sob anestesia local. O procedimento demora, normalmente, cerca de 30 minutos. Durante a biopsia, é retirada uma pequena amostra de tecido dos testículos com uma agulha. A amostra é depois enviada para um laboratório para ser analisada.

O procedimento é normalmente efectuado em regime de

ambulatório. Poderá ir para casa depois da biopsia, mas deverá ser acompanhado por alguém devido à anestesia.

Recuperação e acompanhamento

Após a biopsia dos testículos, pode sentir alguma dor, inchaço ou hemorragia no local da biopsia. Estes sintomas são normalmente ligeiros e podem ser tratados com analgésicos de venda livre. Também pode sentir algum desconforto ligeiro ou uma sensação de pressão no escroto durante alguns dias após a biopsia.

Terá de evitar actividades extenuantes ou levantar pesos durante alguns dias após a biópsia para permitir a cicatrização da zona. O seu médico também lhe dará instruções específicas sobre os cuidados a ter após a biopsia. Se a biopsia revelar cancro, serão necessários exames adicionais para determinar o estádio do cancro e as melhores opções de tratamento.

A biópsia dos testículos é um procedimento seguro e eficaz que pode ajudar a diagnosticar ou a excluir determinadas doenças, como o cancro dos testículos, a infertilidade ou uma infeção. Se tiver sintomas ou factores de risco que sugiram que pode necessitar de uma biopsia do testículo, fale com o seu médico. Com uma preparação e cuidados adequados, pode esperar uma recuperação tranquila e resultados exactos da biopsia.

# Preparação de corantes e reagentes

1.    Líquido de Cornoy

       Etanol absoluto 6 partes 30 ml

       Ácido acético glacial 1 parte 5 ml

       Ou 2 partes de 10 ml

       Clorofórmio 3 partes 15 ml

2.    Reagente de Schiff

       Fucsina básica 0,5 gm

       Água destilada 100 ml

Levar à ebulição e arrefecer até 50° C. Adicionar 1 g de solução de metabissulfito de sódio ou de potássio e 5 ml de HCl 1N. Deixar repousar durante a noite. A solução descolora para rosa aguado. Adicionar ½ norite (carvão ativado) e agitar. Filtrar com papel de filtro (Whatman n.º 1). Obtém-se uma solução límpida.

3.    Azul de Cresil Brilhante (alcoólico)

       Azul de Cresilo Brilhante 0,3 gm

       Álcool absoluto ou metanol AR 100 ml

       Aquecer em banho-maria a 60° C, arrefecer e filtrar.

4.    Azul de Cresil Brilhante (Aquoso)

       Azul de Cresilo Brilhante 1 gm

       Solução de cloreto de sódio (0,9%) 100 ml

       Aquecer em banho-maria a 60° C, arrefecer e filtrar.

5.    Mancha do campo A

       Azul de metileno 1,6 gm

Azure I 1 gm

Hidrogeno-ortofosfato dissódico (anidro) 2,6 gm

Di-hidrogenortofosfato de potássio 2,6 gm

Água destilada 1 litro

Aquecer em banho-maria durante uma hora. Deixar repousar durante 24 horas à temperatura ambiente e filtrar.

6.  Mancha de campo B

Eosina (solúvel em água) 2 gm

Hidrogeno-ortofosfato dissódico (anidro) 2,6 gm

Di-hidrogeno-ortofosfato de potássio 2,6 gm Água destilada 1 litro

Aquecer em banho-maria durante uma hora. Deixar repousar durante 24 horas à temperatura ambiente e filtrar.

7.  Mancha de Jenner

Mancha de Jenner 0,5 gm

Metanol AR 100 ml

Agitar vigorosamente e filtrar.

8.  Mancha de Leishman

Mancha de Leishman 0,15 gm

Metanol AR 100 ml

Aquecer a 40° C durante 1 hora, deixar repousar à temperatura ambiente durante 72 horas e filtrar.

9.  Coloração de hemotoxilina

Hematoxilina 1 mg

Etanol (100%) 10 ml

Água destilada X 100

Tomar 25 ml desta solução e adicionar uma gota de solução saturada de carbonato de lítio (a cor muda de amarelo para vermelho-vinho). A coloração está pronta a ser utilizada.

10.  Mancha de Wright

Coloração de Wright 0,25 gm

Metanol AR 100 ml

Agitar vigorosamente durante 2-3 horas e aquecer a 40° C durante 1 hora. Deixar repousar à temperatura ambiente durante 3 dias.

11.  Coloração de Giemsa

Pó para coloração de Giemsa 0,8 gm

Glicerina LR 50 ml

Aquecer num banho de água a 60° C com agitação constante; em seguida, adicionar metanol AR 50 ml

Arrefecer, filtrar e armazenar a 2° C até um máximo de 2 meses.

12.  Solução enzimática

Pectinase 500 mg

Celulase 500 mg

Água destilada 10 ml

1 N HCl 5-6 gotas

Conservar a solução num tubo arrolhado dentro de um frigorífico a 2° C durante um mínimo de 24 dias a 1-2 meses.

13.  Hidróxido de bário

   Hidróxido de bário 5 gm

   Água destilada 10 ml

   Agitar bem e guardar num frasco com tampa. Utilizar sempre uma solução nova.

14.  Citrato de sódio salino

   Cloreto de sódio 8,716 gm

   Citrato de sódio 4,410 gm

   HCl 1 N 6 gotas

   Água destilada 500 ml

   Aquecer a 60° C antes de utilizar. Conservar a solução-mãe a 2° C durante um máximo de 2 semanas.

15.  Tampão citrato

   A $Na_2HPO_4$ 0,06 M 14,2 gm

   Água 500 ml

   B Ácido cítrico 0,06 M 2,1 gm

   Água 10 ml

   Mistura A 4,55 ml

   B 15,45 ml

16.  Tripsina (para trocas de cromátides irmãs)

   Tripsina 1 mg

   Água destilada 100 ml

17.  Tripsina (para a banda G)

Tripsina 5 mg

NaCl 0,89% 100 ml

18.   Tampão de fosfato

A $KH_2PO_4$ 9,08 gm

Água destilada 1000 ml

B Na $HPO_{24}$ .$2H_2$ O 11,88 gm

Água destilada 1000 ml

| $KH_2PO_4$ | $Na_2HPO_4.2H_2O$ | pH |
|---|---|---|
| 98.8 | 1.2 | 5.0 |
| 87.7 | 12.3 | 6.0 |
| 81.4 | 18.6 | 6.4 |
| 68.7 | 31.3 | 6.5 |
| 57.0 | 43.0 | 6.7 |
| 50.8 | 49.2 | 6.8 |
| 39.2 | 60.8 | 7.0 |
| 28.5 | 71.5 | 7.2 |

19.   Bromodeoxiuridina (5BudR)

Preparar em água esterilizada e guardar num frasco escuro.

20.   Líquido para recém-chegados (Fixador)

Álcool isopropílico 6 partes

Ácido propiónico 2 partes

Éter de petróleo 1 parte

Acetona 1 parte

Dioxano 1 parte

21.   Mordente (Lang)

4% de alúmen de ferro (sulfato férrico de amónio) 500

ml

Ácido acético glacial 6 ml

Conc. H2SO4 0,6 ml

**Esterilização**

Colocar os vidros de cobertura frescos num recipiente com álcool absoluto e secá-los com um pano de linho. Mergulhar os vidros de cobertura em líquido siliconizante a 1%, lavar em água corrente da torneira durante 1-2 horas. Enxaguar em água destilada e secar na estufa.

# Referências


- Aguilar G e Huitorn C (1987) Estimulação da produção de actividades pectinolíticas extracelulares de espécies de Aspergillus por adição de ácido galacturónico e glucose. Enzyme Microbiology and Technology 9: 690-696.
- Arrighi FE e Hsu TC (1971) Localization of heterochromatin in human chromosomes. Citogenética 10: 81-86.
- Barr, M. L. e E. G. Bertram. A morphological distinction between neurons of the male and the female and the behavior of the nucleolar satellite during accelerated nucleoprotein synthesis (Uma distinção morfológica entre neurónios do homem e da mulher e o comportamento do satélite nucleolar durante a síntese acelerada de nucleoproteínas). Nature 163:676-677. 1949.
- Beg QK, Bhushan B, Kapoor M e Hoondal GS (2000) Efeito dos aminoácidos na produção de xilanase e pectinase da espécie Streptomyces QG-11-3. World Journal of Microbiology and Biotechnology 16: 211 -213.
- Beg QK, Bhushan B, Kapoor M e Hoondal GS (2004) Produção e caraterização de xilanase e pectinase termoestáveis a partir de espécies de Streptomyces QG-ll-3. Jounal of Industrial Microbiology and Biotechnology 24: 396402.
- Carr, DH e Walker, JE (1986) Stain Tech. 36: 233-236.
- Caspersson T, Zech L Johansson e Modest EJ (1970) Identification of human chromosomes by DNA binding flourescent agents. Chromosoma, 30: 215-227.
- Cummins, H., e C. Midlo. Finger-prints, Palms and Soles (Impressões digitais, palmas das mãos e plantas dos pés). Dover Publications, Inc. Nova Iorque. 1961.
- Cummins, H. A pele e os seios. Em Morris' Human Anatomy. Ed. Anson. 12ª ed. Blakiston Division, McGraw-Hill Book Company.New York. 1966.
- Dickerson, R. E., e I. Geis. The Structure and Action of Protein. Harper and Row. New York. 1971.
- Dosanjh NS e Hoondal GS (1996) Produção de exopectinase

- constitutiva, termoestável e hiperactiva a partir de Bacillus GK-8. Biotechnology Letters 12: 14351438.
- Ford JH, Callen FD, Adriame B, Jahuke B e Roberts CG (1982) Com diferenças justas das bandas do cromossoma humano 9C associadas à perda reprodutiva. Human Genetics 61: 360-363.
- Galton, F. Finger Prints (Impressões digitais). Macmillan. Londres. 1892.1895. Directórios de impressões digitais. Macmillan and Company. Londres.
- Garg, HK (2016) An Empirical Technique to resolve banding sequences in avian chromosomes (Uma técnica empírica para resolver sequências de bandas em cromossomas de aves). E-Anveshan 2(3): 45-49.
- Garg, HK (2017) Chromosomal Garniture of Emberiza melanocephala. Chromosomal Research 3 (1) 202-203.
- Garg, HK (2018) Cytological Appraisal of a bee-eater, Merops orientalis (Avaliação citológica de um abelharuco, Merops orientalis). Conferência Internacional sobre o Avanço das Biociências: De Darwin a Dolly e mais além: 27-29.
- Garg, HK (2018) Impressão azul genética de certas espécies de aves. Conferência Internacional sobre o Avanço das Biociências: De Darwin a Dolly e mais além: 101-103.
- Garg, HK; Garg, J (1997) Técnica simples para resolver a discriminação linear em cromossomas de aves. Simpósio Nacional sobre Biodiversidade, 28.
- Garg, HK; Garg, J (2002) Diferenciação citoquímica no complemento cromossómico de Megalaima zeylanica caniceps: Uma prova de translocação recíproca. Journal of Ecotoxicology and Environmental Monitoring, 12(1): 3-8.
- Garg, HK; Garg, J (2002) Genetic diversity between two congeneric species of the genus Megalaima. Seminário Nacional sobre Biodiversidade e Utilização Sustentável dos Recursos Biológicos, 39.
- Garg, HK; Garg, J (2002) Inversion polymorphism in Himalayan green pigeon, Treron phoenicoptera (Latham). Seminário Nacional sobre Toxicologia Ambiental, 2/7.
- Garg, HK; Garg, J (2002) Karyological study on Kingfisher, Ceryle rudis.

Seminário Nacional sobre Biodiversidade e Utilização Sustentável dos Recursos Biológicos, 38.

- Garg, HK; Garg, J (2003) Aberrações cromossómicas numa ave piciforme, Megalaima zeylanica caniceps (Franklin). Indian Journal of Applied and Pure Biology, 18(2): 135-140.

- Garg, HK; Garg, J (2005) Genetic make-up of a Passerine bird, Sturnus contra. M.P. Science Congress, 245-246.

- Garg, HK; Garg, J (2006) Chromosomal study of a bee-eater, Merops orientalis. Simpósio Nacional sobre Tendências Recentes em Ciências da Vida.

- Garg, HK; Garg, J (2009) Chromosomal Heteromorphism in Treron phoenicoptera. Simpósio Nacional sobre Ameaças Ambientais à Saúde Humana no Século XXI, Universidade Hindu de Banaras.

- Garg, HK; Garg, J (2012) Genetic Reorganization in Treron phoenicoptera (Reorganização genética em Treron phoenicoptera). Conferência Internacional sobre Desenvolvimento e Prosperidade da Nação através de Mentes Jovens, 68.

- Garg, HK; Garg, J (2014) Técnicas de investigação em biologia molecular, genética e biotecnologia. LAMBERT Academic Publishing, Alemanha, 1-105. ISBN 978-3-659-56478-9.

- Garg, HK; Garg, J; Jain, OP (2005) Configuração diacinética do genoma em Megalaima zeylanica caniceps (Franklin): Um caso provável de heterozigotia por translocação. M.P. Science Congress, 247-248.

- Garg, HK; Jain, OP; Garg, J (2005) Protocol for demonstration of constitutive heterochromatin in avian chromosomes. Congresso científico de M.P., 245.

- Garg, HK; Shrivastava, A (2013) Chromosome complement of Crested Bunting and Gold Fronted Chloropsis International Journal of Fauna and Biological Studies, 1(1) 52-54.

- Garg, HK; Shrivastava, A (2013) Estudo citológico de Emberiza melanocephala. Revista Internacional de Ciências da Vida Avançadas. 6(4) 273-276.

- Garg, HK; Shrivastava, A (2013) Genetic Blue-print of the Northern Green Barbet. Jornal Indiano de Investigação Aplicada 3(9) 41 -42.

- Garg, HK; Shrivastava, A (2013) Organização genética de Motacilla flava. Revista Internacional de Investigação Científica e Tecnológica, França 2(9) 27-29.
- Garg, HK; Shrivastava, A (2013) Genetic reorganization in Treron fénicoptera. Revista Internacional de Estudos de Entomologia e Zoologia 1 (4): 66 - 72.
- Garg, HK; Shrivastava, A (2013) Genetic surveillance of king-fisher and beeeater (Vigilância genética do peixe-rei e do abelharuco). Jornal Global de Análise de Investigação, Internacional 2(9) 5-7.
- Garg, HK; Shrivastava, A (2013) Estudo genotípico de Sturnus contra. Jornal Global de Biologia, Agricultura e Ciências da Saúde 2(4) 124-126.
- Garg, HK; Shrivastava, A (2013) Provas meióticas de translocação recíproca em Megalaima zeylanica caniceps. Revista Internacional de Investigação e Estudos Inovadores 2(10) 562-566.
- Garg, HK; Shrivastava, A (2013) Perfil mitótico do genoma em Turnix suscicator. Jornal Internacional de Investigação Farmacêutica e Biociências, EUA. 2(4) 411-414.
- Garg, J; Bharadwaj, AK; Garg, HK (2005) Genetic variability as a proof of biodiversity in Tephrosia. Simpósio Nacional sobre Tendências Recentes em Reprodução Animal: A Special emphasis Biotechnology.
- Gummadi SNe Panda T (2003) Purificação e propriedades bioquímicas de pectinases microbianas. Procedimentos em Bioquímica 38: 987-996.
- Hale, A. R. Morphogenesis of volar skin in the human fetus.Amer. J. Anat. 91:147.
- Harnden, D. G., P.A. Jacobs, e W. M. Court Brown. Chromosomes and Disease in Man (Cromossomas e Doenças no Homem). Penguin Science Survey 1963-B. Editado por S. A. Barnett e Ann McLaren. Penguin Books. Baltimore, Maryland.1963.
- Haskell, G., e A. B. Wills. Primer of Chromosome Practice. Oliver and Boyd, Ltd. Edinburgh. 1968.
- Holt, S. B. Genetics of dermal ridges: the relation between total ridge-count and the variability of counts from finger to finger. Ann. Hum. Genet. 22:323339.
- Hours RA, Vogrt CE e Ertola RJ (1988) Apple pomace as raw material for

pectinase production in solid state culture. Biological Wastes 23: 221-228.

- Hoyer, B. H., E. T. Bo Lton, B.J. McCarthy e R.B. Roberts. The evolution of polynucleotides. Em Evolving Genes and Proteins. V. Bryson e H.J. Vogel, eds. Academic Press. New York. 1965.
- Hsu, F., e C. M. Pomerat. Journal of Heredity 4L1:23.Estudos de cultura de tecidos em pele humana.1953.
- Jukes, T. H. Nova Iorque. Molecules and Evolution.1966. Columbia University Press.
- Laird, C.D., e B.J. McCarthy. Magnitude da variabilidade interespecífica da sequência em Drosophila. Genetics 60:303-322. 1968.
- Lakhotia SC, Sharma A, Mutsuddi M e Tapadia MG (1993) Trends in Genetics 9: 261.
- Liu YK e Luh BS (1999) Purificação e caraterização da endopoligalacturonase de Rhizopus arrhizus. Journal of Food Science 43: 721 -726.
- Lubs HA (1969) A marker X-Chromosome. Journal of Human Genetics 21: 231244.
- Makino et al. (1959) Método de pré-tratamento da água.
- Manachini PL, Fortina MG e Parini C (1987) Purificação e propriedades da endopoligalacturonase produzida por Rhizopus stolonifer. Cartas de Biotecnologia 9: 21-/224.
- Margoliash, E., e E. L. Smith. Structural and functional aspects of cytochrome C in relation to evolution (Aspectos estruturais e funcionais do citocromo C em relação à evolução). Em Evolving Genes and Proteins. V. Bryson e H.J. Vogel, eds. Academic Press. New York. 1965.
- McCarthy, B.J., e R.B. Church. A especificidade das reacções de hibridação molecular. Ann. Rev. Biochem. 39:131-15.
- McKusick, V. A. Human Genetics. Inc. Englewood Cliffs, N. J. Englewood Cliffs, N. J. Segunda edição. 1969. Prentice-Hall,
- Mittwoch, U. Sex differences in cells (Diferenças de sexo nas células). Scientific American 209(1) 1963.

   Morshima, A., M. M. Grumbach e J. H. Taylor. A synchronous Duplication of human chromosomes and the origin of sex chromatin (Uma duplicação síncrona de cromossomas humanos e a origem da cromatina sexual). Proc. Natl. Acad. Sci. 48:756-763.

- Moody, A. M. Nova Iorque. Genetics of Man.1967. W.W. Norton and Company, Inc.
- Nowell, Peter C. Phytohemagglutinin: an initiator of mitosis in cultures of normal human leukocytes. Cancer Res. 20:462. #4.1960.
- Penrose, L. S. e Jackson. The Biology of Mental Defect. Londres. 1949.1st. ed. Sedgwick Dermatoglyphic topology. Nature 205:544-546. Rife, D.C. Comunicação pessoal. Clewiston, Florida.
- Rai P e Majumdar GC (2004) Otimização da utilização de pectinase no pré-tratamento do sumo de mosambi para clarificação através da metodologia de superfície de resposta. Jornal de Engenharia Alimentar 64: 397-403.
- Rawashdeh R, Saadoun I e Mahasneh A (2005) Efeito das condições culturais na produção de xilanase por espécies de Streptomyces. (estirpe Ib 24D) e o seu potencial para utilizar bagaço de tomate. Jornal Africano de Biotecnologia 4: 251255.
- Reynolds, W. A. A comparison of cytological techniques demonstrating sex chromatin and its occurrence in the raccoon (Procyon lotor) and in the Little Brown Bat (Myotis lucifugus). Tese de mestrado, Departamento de Zoologia, Universidade Estadual de Iowa. 1960.
- Reynolds, W. A., e T. R. Mertens. A verificação do sexo. The American Biology Teacher 26(6): 411-415. 1964.
- Roderick, G. W. Man and Heredity (O Homem e a Hereditariedade). Macmillan. Nova Iorque. 1968. Whittinghill, M. Human Genetics and Its Foundations. Reinhold Publishing Corp. New York. 1965.
- Rothfels,K. H. e L. Siminovitch. Uma técnica de secagem ao ar para achatar cromossomas em células manunalianas cultivadas 'in.vitro.'Stain Technology 33:73. 1958.
- Saadoun I and R Gharaibeh (2002) The Streptomyces flora of Jordan and its potential as a source of antibiotics active against antibiotic-resistant Gramnegative bacteria. Jornal Mundial de Microbiologia e Biotecnologia 18: 465470.
- Saadoun I and Wahiby L (2008) Recovery of soil streptomycetes from

147

arid habitats in Jordan and their potential to inhibit multi-drug resistant Pseudomonas aeruginosa pathogens. Jornal Mundial de Microbiologia e Biotecnologia 24: 157-162.

- Scherz, R. G. Secagem em chama por ignição do fixador para melhorar a propagação de cromossomas em leucócitos. Stain Technology 37:386. 1962.
- Scherz, Robert G. Blaze drying by igniting the fixative, for improved spreads of chromosomes in leucocytes. Stain Technology 37:386. 1962.
- Scott PM e Anyeti D (1972) Mycotoxins and toxigenic fungi in grains and other agricultural products. Journal of Agriculture and Food Chemistry 20:1103-1109.
- Sreekantiah KR, Jaieel SA e Rao TNR (1973) Chemistry, Mikrobiology and Technology Labensm. 2: 43.
- Sreenath HK, Kogel F e Radola BJ (1986) Macerating Properties of a Commercial Pectinase on Carrot and Aipo. Tecnologia de Fermentação 64: 3744.
- Sumner AT (1972) Uma técnica simples para demonstrar o centromérico heterocromatina. Experiments in Cell Research 74: 304-306.
- Sumner AT, Evans HH e Bukkland RA (1971) New technique for distinção entre cromossomas humanos. Nature (Nova Biologia) 232: 3132.
- Sutherland GR (1977) Sítios frágeis nos cromossomas humanos: Demonstração da sua dependência do tipo de meio de cultura de tecidos Science 197: 265-266.
- Sutherland GR, Baker E andUlley JC (1982) Genetic length of a human chromosomal segment measured by recombination between two fragile sites. Science 217: 373-374.
- A Genética das Cristas Dérmicas. Charles C. Thomas, Editor. Springfield, Illinois. 1968.
- Vinogradova SP e Kushnir SN (2003) Biossíntese de enzimas hidrolíticas durante o cocultivo de macro e micromicetas. Applied Biochemistry and Microbiology39: 573-575.
- Wang N, Trend B, Bronson DL e Fraley EE (1980) Cancer Research 40: 796802.

- White LS e Fabian PW (1953) Appl. Microbiol. 1: 243.

Buy your books fast and straightforward online - at one of world's fastest growing online book stores! Environmentally sound due to Print-on-Demand technologies.

Buy your books online at
**www.morebooks.shop**

Compre os seus livros mais rápido e diretamente na internet, em uma das livrarias on-line com o maior crescimento no mundo! Produção que protege o meio ambiente através das tecnologias de impressão sob demanda.

Compre os seus livros on-line em
**www.morebooks.shop**

Printed by Books on Demand GmbH, Norderstedt / Germany